Girls, Be Ambitious.

女よ！大志を抱け

東京海洋大学特任准教授
青山千春

ワニ・プラス

まえがき

私たちの人生には、なんて面白いことがあるのでしょうか。

きっと、あなたにもあります。

私がそのように言えるのは、私の夢は五〇年をかけて突如、実現したからです。

二〇二二年春のことでした。大平智子さんという方から久しぶりのメールが来ました。大平さんは、巨大客船の航海をいかに愉しくするかのプロである「クルーズ・コーディネーター」となり、船内のエンタメなどを演出しながら世界五〇ヶ国以上を訪問してきた女性です。フリーアナウンサーでもあります。

その九年前の二〇一三年秋、日本を代表する大型客船の「にっぽん丸」が硫黄島へ向かうと決定したとき、当時、独立総合研究所の社長だった青山繁晴（現・参議院議員）に船上での講演依頼をなさった人です。

青山は私に、「俺はエンターテイナーじゃない。硫黄島なら、島に取り残された英霊をふるさとに取り戻そうという話をするよ。そんな堅い話を豪華客船でやろうという女性がいるのか」と言って最初、驚いていました。そう、太平智子さんとは、そういう女性です。

太平さんは今度は私に「にっぽん丸が横浜からモーリシャスを経由してアフリカのマダガス

カルへ、インド洋横断の大クルーズをやります。乗船しませんか」と仰いました。客としての乗船を誘う営業メールだと思いました。

ところが大平さんとメールのやり取りをしているうちに、乗客じゃなく講演者としてのオファーだと分かりました。二〇二二年一二月の半ばに日本を出発して翌年一月末に戻ってくる長駆四八日間の半球クルーズです。

それと分かった瞬間、私は、女子学院という東京の高校の生徒にこゝろがひゅーんと戻るのを感じました。地学の授業で「大陸移動説」を聴いてわくわくする私です。

あんな巨大な大陸がじつは永い時間を掛けながらぐいぐい動いている。その証拠に二億五〇〇〇万年ほど前にいたイノシシほどの大きさのリストロザウルスは、海を渡れないのに化石が南ア、南極、中国、インド、ロシア、ヨーロッパで見つかっている。なんて凄い、楽しい！

将来、私は科学者になって南極とマダガスカル島に行くんだと夢を持ったのです。そして私は海洋学者となり、南極へは一〇年ほど前に行くことができました。しかしマダガスカル島へは多分もういけないかな、と思っていました。

それがこんな形で、しかも科学の成果を多くの皆さんと共有しながら、あのマダガスカル島に行くチャンスが到来しました。諦めないで良かったです。五〇年ぶりに夢が叶いました。夢を叶える機会をくださった大平さんに感謝します。そして年末年始といえば、クリスマス、大晦日やお正月といった家族の重要イベントがたくさんあるのに、私と一緒に大喜びしてくれて、四八日間も私が不在となる乗船に、いつもの通りに送り出してくれた夫の青山繁晴、ふたりの息子とその家族、ふたりのお嫁さん、ふたりのお孫ちゃんのみんなに感謝します。

そして私の夢は終わりません。海洋学者として取り組んでいる、海の自前資源の開発がそれです。「日本は資源のない国だ」という刷り込み、思い込みを打ち破る夢です。

女子も男子も、夢みたことが大志です。

皆さん、この本で一緒に考えませんか?

この六回の講演はにっぽん丸で航海中に行うという特別な条件です。いつもの陸上の講演よりライブ感があります。受講者の足の下に広がる大海原のこと、そしてこの本の読者の足の下の地球の中のこと、船が通過していく海峡や海の上のことも織り交ぜながら私たちの自前資源のメタンハイドレートの真実を語ります。さぁ、どうぞ!

二〇二三年　一一月

青山千春

第二回 ニッポンには人類の希望がある、それは海資源の初の実用化 二〇二二年一二月二六日 53

第四回　安く簡単に海のエネルギー資源を発見！　二〇二三年一月一六日　121

第五回 あのロシアも変える ニッポンになれる! 二〇二三年一月一九日 161

第一回

女よ！大志を抱け

二〇二二年二月二二日

司会　青山千春さんは、一九五五年、東京生まれ。東京海洋大学特任准教授、日本大学非常勤講師、株式会社独立総合研究所社長で、メタンハイドレートの世界的権威でいらっしゃいます。今クルーズでは、六回に亘り、そのお話等も行っていただきますが、本日第一回目は、ご自身の紹介を兼ねて、「女よ！　大志を抱け」と題してお届けしてまいります。それではお迎えを致します。青山千春さんです。よろしくお願いを致します（会場拍手）。

自己紹介——青山千春とは

皆さん、こんにちは。今日はよろしくお願いします。

さて何を話しましょうかということなのですが、一回目が今日、一一月二一日です。「女よ！

図版1

講演予定　演題は？

1. 女よ、大志を抱け

講演コメント：自己紹介を兼ねて私の年表を見ながらお話しを進めます。

2. ニッポンには人類の希望がある、それは海資源の初の実用化

講演コメント：希望の資源，メタンハイドレート・メタンプルームの基礎と最新研究についてお話しします。最後にボードゲームで遊びながら理解を深めましょう。

3. マダガスカルと南極は陸続き！？

講演コメント：110年前の地質学会で、ウェゲナーは「昔々マダガスカルと南極は陸続き」と大陸移動説を発表しました。この意味するものを読み解きます。

4. 安く簡単に海のエネルギー資源を発見！

講演コメント：「異分野とのコラボレーション」の一端として、漁業者とどれほど楽しく、気持ちよく連携しているかをカニ篭漁の現場からお話しします。

5. あのロシアも変えるニッポンになれる

講演コメント：日本のバーゲニングパワーとリーディングカントリーへの道を語り、政府がついに変化を起こしているというお話をします。

6. さぁ、燃える氷を使おう

講演コメント：海の開発は漁業者に補償金を払うだけのことから脱却する漁業との共存、エネルギー収支、経済性評価、地元振興、電気ガス代の値下げ・・実用化のステップです。

大志を抱け」ということで、私の自己紹介的な話を中心にします。二回目以降は、日本の自前資源のメタンハイドレートを中心にお話ししますが、三回目だけは少し違います。なぜかと言うと、三回目はマダガスカルに行く手前です。そのときに、マダガスカルと南極は、昔は陸続きだったという話とか、それから海洋科学的な話、あとは航海学的な話など、海に関するトピックをお話ししたいと思います。

マダガスカルは陸続きだったという話を聞いてからマダガスカルに行くと、なんとなくイメージが違ってくるだろうと思いますので、ここでお話ししたいと思います。

図版2

女よ! 大志を抱け

講演コメント:

- 自己紹介を兼ねて私の年表を見ながらお話しを進めます。

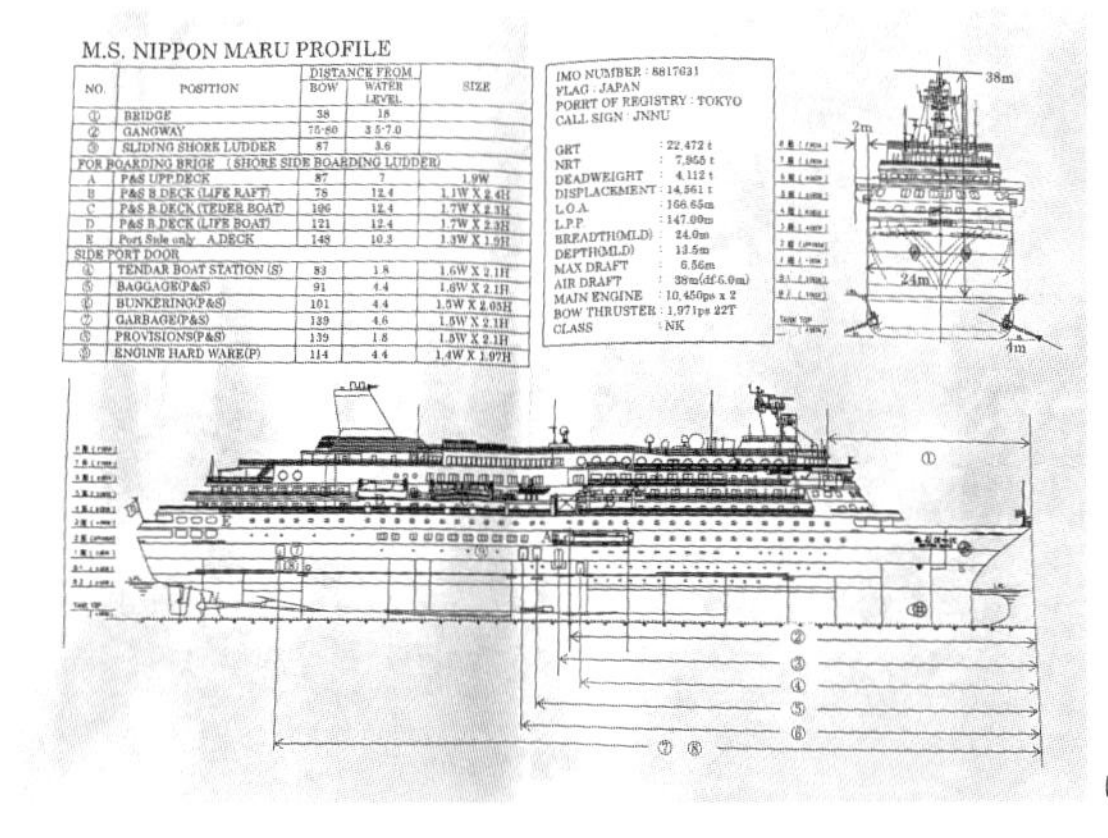

M.S. NIPPON MARU PROFILE

NO.	POSITION	DISTANCE FROM BOW	DISTANCE FROM WATER LEVEL	SIZE
①	BRIDGE	38	18	
②	GANGWAY	75-80	3.5-7.0	
③	SLIDING SHORE LUDDER	87	3.6	
FOR BOARDING BRIGE (SHORE SIDE BOARDING LUDDER)				
A	P&S UPP.DECK	87	7	1.9W
B	P&S B.DECK (LIFE RAFT)	78	12.4	1.1W X 2.4H
C	P&S B.DECK (TEDER BOAT)	106	12.4	1.7W X 2.3H
D	P&S B.DECK (LIFE BOAT)	121	12.4	1.7W X 2.3H
E	Port Side only A.DECK	148	10.3	1.3W X 1.9H
SIDE PORT DOOR				
④	TENDAR BOAT STATION (S)	83	1.8	1.6W X 2.1H
⑤	BAGGAGE(P&S)	91	4.4	1.6W X 2.1H
⑥	BUNKERING(P&S)	101	4.4	1.5W X 2.05H
⑦	GARBAGE(P&S)	139	4.6	1.5W X 2.1H
⑧	PROVISIONS(P&S)	139	1.8	1.5W X 2.1H
⑨	ENGINE HARD WARE(P)	114	4.4	1.4W X 1.97H

IMO NUMBER : 8817631
FLAG : JAPAN
PORRT OF REGISTRY : TOKYO
CALL SIGN : JNNU

GRT : 22,472 t
NRT : 7,955 t
DEADWEIGHT : 4,112 t
DISPLACKMENT : 14,561 t
L.O.A. : 166.65m
L.P.P. : 147.00m
BREADTH(MLD) : 24.0m
DEPTH(MLD) : 13.5m
MAX DRAFT : 6.56m
AIR DRAFT : 38m(df 6.0m)
MAIN ENGINE : 10,450ps x 2
BOW THRUSTER : 1,971ps 22T
CLASS : NK

にっぽん丸より

その後の四、五、六回目はメタンハイドレートの話を中心にしたいと思います。少し変更する場合もあるかもしれませんが、二回目以降はこんな感じでお話をします。

図版2で「自己紹介を兼ねて、年表（図版3）を見ながらお話を進めます。」と書きましたが、年表にしたら、私は六七年も生きているので、結構長くなってしまいました。それなのでこの年表からピック・アップしてお話ししたいと思います。

図版2の下の図ですが、これはにっぽん丸でいただいたものです。これは船のプロフィールなどが記されていて、配置図といったりもしますが、なぜこれを私が欲しかったのかと言うと、三回目の航海学とか海

図版3

年表　その1

	青山千春	メタンハイドレート
1955年	音楽家の両親の元、東京で生まれる	
1968年	女子学院中学入学、社会貢献する女性育成の校風が気に入る	
1971年	女子学院高校で地学の時間に南極に行きたくなる 夢	
1973年（18歳）	東京水産大学受験を決めた 女子でも受験できた唯一の大学だった 壁1	
1974年（19歳）	女子学院高校卒業、 東京水産大学入学（航海科初の女子学生だった）壁2	
1977年	大学4年、3か月の乗船実習のあと下船したときに青山繁晴に初めてコンタクト	
1978年	大学卒業後、専攻科に進学し遠洋航海の準備に入る	
1979年（24歳）	青山繁晴、共同通信社の記者になり徳島支局へ赴任。 青山繁晴と結婚。長男が生まれる。専攻科を退学し子育て専念 決断1, 2	
1981年	青山繁晴、京都支局へ転勤	
1983年	次男が生まれる	
1990年（35歳）	次男が小学校2年生になったとき、大学に再入学 壁3 決断3 準備を含め1年間の遠洋航海実習で世界一周した （湾岸戦争の影響あり、スエズ運河を越えられなかった）	
1991年（36歳）	念願の航海士免許（3級海技士）取得。大学院入学	

南極とマダガスカルに行きたい（16才）

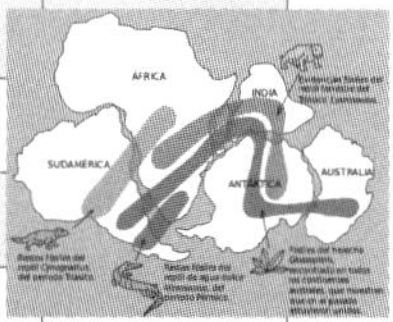

アメリカ地質調査所（USGS）

年表　その2

	青山千春	メタンハイドレート
1997年(41歳)	博士号取得、就活開始 ナホトカ号重油流出調査 **壁4**	魚群探知機でメタンプルーム発見！ 初めてメタハイ、メタンプルームに遭遇！
2000年(45歳)	アジア航測株式会社入社（2年間）	
2002年	・三洋テクノマリン入社（2年間） ・独立総合研究所取締役自然科学部長（現在に至る）	
2004年	「海底資源探査方法」で特許取得 （日本、EU、ノルウェー、米、中、韓、露、豪）	東京海洋大学海鷹丸で初めてのメタンハイドレート調査。魚探を使って天然のメタハイ採取に成功！
2005年〜	メタンハイドレートを資源として考える **決断4**	毎年、計量魚群探知機を利用したメタンハイドレートや熱水鉱床の調査航海（年平均20日間程度）現在に至る
2006年〜	計画を変えない政府 **壁5**	経済産業省に表層型メタンハイドレート調査の必要性を官僚にアピールするも門前払い＆国賊扱い←しかし今は理解者
2010年〜	独立総合研究所が調査船を傭船してメタンハイドレート調査（2010年から毎年）	独立総合研究所が調査船を傭船してメタンハイドレート調査（2010年から毎年）
2012年〜	青山繁晴が、日本海側の自治体にメタハイ開発の重要性を働きかけ、「日本海連合」（海洋エネルギー資源開発促進日本海連合）発足（現在に至る）	日本海側の自治体にメタハイ開発の重要性を働きかけ、海洋エネルギー資源開発促進日本海連合発足（現在に至る）
2013年		政府による表層型メタンハイドレート資源量把握調査がやっと始まった（3年間）

年表　その3

	青山千春	メタンハイドレート
2015年(60歳)	東京海洋大学の新学部「海洋資源環境学部」の教員募集に応募（職歴に「専業主婦」を記載）	
2016年(61歳)	・JAMSTEC（国立研究開発法人海洋研究開発機構）招聘技術主任。3月退任（1か月間） ・東京海洋大学学術研究院海洋資源エネルギー学部門准教授採用（2020年度まで） ・産業技術総合研究所委託事業「表層型メタンハイドレート回収技術の検討」の研究代表者となる（2019年度まで）	・産業技術総合研究所委託事業「表層型メタンハイドレート回収技術の検討」始まる。6グループがコンペ形式で検討を進める（3年間←結局4年間）
2020年(65歳)	・産業技術総合研究所委託事業「表層型メタンハイドレート回収技術の開発」の研究代表者となる（2023年度まで） ・資源エネルギー庁メタンプルーム調査のアドバイザリーボードメンバーとなる	・経産省傘下の産業技術総合研究所による委託事業「表層型メタンハイドレート回収技術の開発」始まる（2023年年3月まで） ・資源エネルギー庁メタンプルーム調査ついに本格的に始まる（2023年3月まで）
2021年(66歳)	・東京海洋大学特任准教授、現在に至る	東京海洋大学海鷹丸で初めてのメタンハイドレート調査。魚探を使って天然のメタハイ採取に成功！
2022年	・マダガスカルへ	

洋科学のお話をするとき、いま皆さん船の上です、周りを見るとすべて水平線です。そういうときに「あれ？　水平線まで距離どのくらいなのかな？」と思ったことはありませんか？　もう既に知っている方もいらっしゃるかもしれませんが、それが大体どのくらいあるのかを、三回目には皆で一緒に計算したいと思ったからです。計算のときに、いま自分がいるところの水面からの距離が必要だからです。

　いま講演をしている「ドルフィンホール」はにっぽん丸の四階です。この図でいうと、デッキのラインです。一方でウォーターラインと書いてあるのが水面です。自分のいるところは水面からどの位の高さなのかを知りたかったから、この図を取り寄せました。このことについては、三回目で詳しくお話しします。いまはあくまで予告ということです。

私の専門分野

　図版４、「はじめに」、導入部分です。

　私の専門は、水中音響学です。どういうことかというと、超音波を使って海の中を見る学問です。海の中というのは……例えば、宇宙だと周囲の様子が自分の目である程度見えます。けれども海の中は、例えば石垣島の川平（かびら）湾のようなきれいなところでも、水面から五メートルくらい下は見えますが、それより下は見えません。海の中は意外に見えないです。だから、わからないことがまだまだ沢山あるのです。とくに深海の底とか、どうなっているのかまだよくわかりません。そういうところには光は届かないけれど、超音波なら届きます。その超音波を使って海の中のことを調べることができるというわけです。

その超音波を使う道具として、私は魚群探知機を使っています。漁師さんが漁のときに使う魚群探知機です。ただ精度が高いバージョンです。魚がどこにいるのか調べることができますが、メタンハイドレート、熱水鉱床など海の中の資源なども見ることができます。私はそういう学問「水中音響学」をやっています。この学問で四一歳のときに博士号を取得しました。普通なら二五歳や二六歳で取ります。

どうしてこんな年で取ったかと言うと、大学

図版4

はじめに

- 私の専門は、水中音響学。41歳で博士号を取得した。
- 日本の自前資源、メタンハイドレートに関する研究。
- でも、ずっと研究ばかりしていたのではなく・・・
- 専業主婦を12年間やってから、研究を始めた！
- 36歳で航海士の免許も取得した。
- 決してあきらめない。あきらめたらそこで終わり。
- 5つの壁と4つの決断の時。

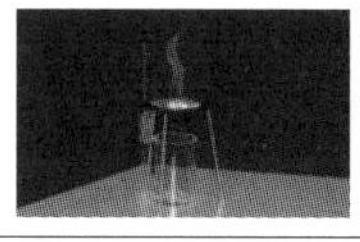

を卒業してから、すぐに結婚したからです。それで専業主婦をなんと一二年やりました。つまり一二年間もの学問のブランクがあったのです。それから博士号を目指したから四一歳になりました。

いま、おもなテーマとして研究しているのは、日本の自前資源になりそうな、メタンハイドレートです。現下、政府と一緒に共同研究しています。それまではなかなか政府と一緒にできませんでした。どうして政府がなかなか予算を付けなかったのか、苦労話を少しお話ししたいと思います。

三六歳のとき、博士号取得の前に、航海士の免許を取りました。

図版4に「決してあきらめない。あきらめたらそこで終わり。」と記しました。よく言われることですが、でも本当にその通りなのです。あきらめたら、本当にそこで終わってしまいます。私は、ずっとあきらめなかった。だから、自分の夢とかやりたいこととか、ほぼ実現しています。

私の人生では、大きく分けて五つの壁がありました。それと四回、決断しなければならないときが訪れました。それらについては、のちほど詳しく述べます。

なぜ海を好きになったのか

　図版5では「海への憧れ」と見出しを設けました。なぜこんなに海を好きになったのかを、ざっと書きました。私の両親はふたりとも音楽家です。ともにN響（NHK交響楽団）に属していた時期があります。専業の音楽家ですから、所謂常識から少しかけ離れているというか、自由な発想の持ち主でした。私を育ててくれたのは、そういう両親です。だから「女だから」と、性別にこだわっていなかった。ピアニストの母は「人間として社会に貢献できるような、そういう人材になりなさい」と言って育ててくれました。

　父は、私が大学三年生のときに亡くなってしまったのですが、海軍軍楽隊のトランペッターでした。いま、にっぽん丸が通っている航路を、戦時中に通ってシンガポールまで行っています。父は

図版5

海への憧れ

- 【私が子供の頃】
  - ＊音楽家の両親は、常識にとらわれない、自由な発想で育ててくれた。
  - ＊男女の性別にこだわらず、人間として社会に貢献出来るようになりなさい。byピアニストの母
  - ＊「海は、いいよ～。船は楽しいよ～。」by元・海軍軍楽隊のトランペッターの父
  - ＊生活のために働くのでは無く、好きな事をやった結果、お金をもらえる人生は幸せ（亡くなった母の晩年の言葉）
  - ＊「まだお仕事しなきゃならないなんて大変ね。かわいそう」という考え

シンガポールでマラリアに罹ってしまい、そこで療養して、日本に生きて帰りました。

軍楽隊は旗艦に乗っています。旗艦とは艦隊の中枢となる司令官や幕僚が乗る旗を掲げていて、指令・命令を発する艦のことです。そういう艦には、必ず音楽をやる軍楽隊が付いて行きます。父は「足柄（あしがら）」という重巡洋艦に乗っていました。そのときの印象がとても強かったらしく、私が小さいころ、「海は、いいよ〜。船も楽しいよ、船の生活」といつも言ってくれていました。それで何となく「あぁ、海ってそんなにいいんだ」というふうに、潜在意識に刷り込まれていったのです。

あと、母は亡くなる前、介護が必要になって入院していたときに「後輩にメッセージをください」という依頼が大学からありました。母は国立音楽大学を卒業しているのですが、そのとき、後輩へのメッセージでこんなことを記しました。

「生活のために働くのでは無く、好きな事をやった結果、お金をもらえる人生は幸せ。」

私も「あっ！　確かに、うん、そう！」と思って、こういう人に育てられたから、いまも私はこんな感じなんだなと思いました。好きなことをやって、あとからお金がついてくる感じです。

また、あるとき、息子の学校の父兄会で「これから仕事に行きます」と言ったら、ある素敵なお母さんが、「まだお仕事しなきゃならないなんて大変ね。かわいそう」と仰った。それを聞いたとき、「あっ！　なるほど。そういう考えの方もいらっしゃるんだ！」と思いました。そのころ子育て中で「思うように仕事ができないというのが私にはとても辛い。仕事したい！」と思っていたのですが、この方はまったく逆なんだと、「世の中には色々な人がいるんだな」と、このとき思ったことを鮮明に覚えています。

夢を持つきっかけになったこと

「私の夢」についてです。

図版6左下の図は「大陸移動説」を説明したものです。私は女子高出身なのですが、男女というのをまったく意識しない教育でした。「社会に出て、立派な働く婦人になりなさい」という学校だった。そのなかの地学の授業で

図版6

私の夢

南極とマダガスカルに行きたい（16才）

- 【私が高校の時】
  - ＊女子高、性別を意識しない教育
  - ＊地学の授業で
  - ＊ウェゲナー博士の「大陸移動説」
  - ＊南極とマダガスカルへ行きたい

LAURASIA
GONDWANA
TETHYS SEA
Equator
TRIASSIC
200 million years ago

AFRICA
INDIA
SUDAMÉRICA
ANTÁRTICA
AUSTRALIA

リストロサウルス

南極大陸図

出典：https://upload.wikimedia.org/wikipedia/commons/8/82/Laurasia-Gondwana.svg、国立研究開発法人海洋研究開発機構（JAMSTEC)、国土地理院、福井県立恐竜博物館、アメリカ地質調査所

素晴らしい先生に出会いました。その先生が教えてくれたのが、ドイツの気象学者ウェゲナー博士が提唱した「大陸移動説」です。当時はデータが乏しかったので、まだ「説」でしたが……ウェゲナー博士は新聞紙に大陸を描いて切り取って、ジグソーパズルみたいにしていたら、なんと左下や右上の図のようにピッタリ合わさってしまったのです。とくにアフリカ大陸のいまでいうと西側のへっこんだところと南アメリカ大陸のやはり東側の出っ張ったところ、これがピタっと合わさる。ここに注目して、この「大陸移動説」を提唱したのです。

その後、いろいろな研究者が大陸移動の証拠となることを発表しました。例えば、図版6下に載せている「リストロサウルス」は、アフリカ大陸、マダガスカル島、インド、南極大陸で発見されています。「南極はいま凄く寒いし、マダガスカルは暖かいし、そこに同じ恐竜がいるわけないよね？　暮らせないよね？」となります。さらにリストロサウルスは泳げないことがわかっています。これらの陸地がいまのように離れていたら、陸地の間にある海を泳いで渡るのは不可能です。これら諸々のことから考えられるのは、これらの陸地が元々くっついていたということなのです。すべての陸地がくっついてた。その証拠だとなります。

それを聞いて、「そういう地球規模の凄いことを、自分で化石を発掘しに行って、証明したい」と思いました。「南極とマダガスカルに行って調べたい」と。

ウェゲナー博士の学説はいま、「プレート・テクトニクス」という理論になっています。じつはプレートは、じっとしているものではなく、常時動いています。図版6右中の図は地球を輪切りにしたものですが、このようにプレートは動いています。地球の陸上の岩石で最も古いのは三五億年前です。海底の岩石は二億年前です。なぜでしょう？　それは、海嶺（海底山脈）で生成された海底の岩石は二億年かけて海溝まで到達して沈み込み、マントル中に溶解して岩石ではなくなるからです。つまりプレートはマントルの上に浮かんでいます。このプレート・テクトニクスがいま、定説です。

研究か免許か

図版6右下の地図はいまの南極大陸です。その左上が南アメリカ大陸です。右下がオーストラリア大陸で右上がアフリカ大陸です。図版では南極大陸の周りにラインがあります。このラインのあたりはいま、凄く強い海流がグルグル回っているため、ここを船で通過するとき、海が凄く荒れていて、船が木の葉のように揺れます。私も行ったことがありますが、それはなかなか大変なものでした。

そんな情報も入り、南極に行くのは大変と認識していました。それで私が大学入試のときに考えたのが、ここに記したことです。

南極とマダガスカル、両方に行って研究したい。恐竜の化石、先ほど触れたリストロサウルスの化石を発掘したいと思ったのですが、南極に行くには、荒れる南極海を超えなくてはいけません。「そのときに具合が悪くなって倒れていたら、どうしようもない。それなら船や海に慣れるためにまずは航海士の免許を取ろう」と思ったのです。航海士の免許を取れる大学があることは知っていました。航海士免許取得と研究者になるのと、どっちが先のほうがいいのだろう。頭を使うほうがいいか体力を使うほうがいいかを考えたら、やはり体力勝負の航海士の免許を取るのが先だろうと、その当時は判断したのです。

　大学入試のときに、いろいろな大学に航海士免許が取れるか否かを聞きました。まず近場で、東京に住んでいましたから、東

図版7

第一の壁：大学入試

南極とマダガスカルに
行きたい（16才）

- 【私が高校3年の時】
  - ＊南極＆マダガスカルに行きたい
  - ＊恐竜の化石の研究をしよう。
  - ＊南極に行くには、荒れる南極海を超えなくては・・・。
  - ＊航海士の免許を取って海に慣れよう。
  - ＊どっちが先か・・・。体力勝負の航海士が先。
  - ＊しかし、女子が受験出来ない学校ばかり・・・
  - ＊東京水産大学（現・東京海洋大学）だけ受け入れOK！

大学事務局
名言シリーズその1
女子が受験出来ないとは書いてないです。

京商船大学です。いまは私の母校の東京水産大学と一緒になって東京海洋大学になっています。直接電話したら、「えっ？　女子は受けられませんよ」といきなり言われました。思わず「えっ⁉」と驚いたら、「うちは全寮制ですが、女子用の宿舎とか設備がまったくないので無理です」と言われ、それでもうびっくりしました。それまで男女の差別とかのまったくない暮らしをしていました。それもあったのだと思いますが、女子がいきなり門前払いを喰らうところがあることを初めて知りました。

　次は「ならば防衛大学校なら行けるかもしれない」と思って、防衛大学校に電話しても、やはり同じ答えでした。「全寮制だし、船の中に女性用の設備はないよ」と言われて、願書さえ受け取ってくれなかったのです。「あぁ、もう駄目か……」と思っていたら、先ほど話したように現在は東京海洋大学になっていますが、当時はまだ東京水産大学。ここはどうやら航海士の免許も取れるし、マグロの延縄（はえなわ）漁なども教えてくれるらしいと、母が教えてくれました。もう最後、ここしかありませんでした。電話してみたら、電話の向こう側で事務局の方が規則集のようなものをパラパラ捲っている音が聞こえて、「女子が受験できないとはどこにも書いてないです」と仰ったのです。図版7に「名言シリーズ」と記しました。このあと何十年も経ってからもう一回名言があったので、ここはその1にしました。「もうここを受けるしかない！」と思って受けました。この方が言ってくれなかったら、本当に諦めていたところでした。「どこにも書いてなかった」ので、願書も受け取ってもらえたし、受験もできました。それで合格しました。
ただ、いまのは第一の壁です。今度は第二の壁。壁は全部で五つありますから。

船に乗れない?

さて、第二の壁です。
大学に合格して「ヤッター!」と思って入学したのですが、私は大学の航海科開闢以来の女子学生だったのです。そのため、入学してみたらびっくりすることがまた起こりました。例えば、実習で船に乗ります。すると、真面目にこういうことを言われるのです。
「船や海は女性名詞だから、女性が船に乗ると海がやきもちを妬いて荒れて沈むから乗ってく

図版8

第二の壁:大学開闢以来の女子学生

入学してみたら・・・
＊女が船に乗ると、海が荒れる。だから乗ってくるな。
＊船内に女子トイレもない。女子浴室もない。女子部屋もない。

東京海洋大学ホームページ

同乗していた先輩が…

大学3年の時、
初めての乗船実習で新聞記事になった。
応援してくれる人も増えてきた。後に続く女子のために。
45年たった今は・・・。
その記事で夫と知り合った。

南極とマダガスカルに行きたい(16才)

るな」

　ほんとうに真面目に言うのです。「えっ!?　そんなことほんとうに信じているんだ」とびっくりしました。さらに、船内に女子のトイレは勿論なく、浴室もなく、そして部屋もありません。ちなみに、いまは全部あります。船長に「どうしたらいいでしょうか？」と訊いたら、「まず、トイレに行くときは、トイレの前で廊下を右左よ～く見渡して、誰もいなかったら入れ」との答えです。でもだいたい私がトイレに入ってると、誰か入って来るのです。個室から出られずに困ったりとか、そんなことはしょっちゅうありました。まっ、慣れましたけれど。

　あと、浴室ですが、船長が木の札にマジックで、「女子入浴中」と書いて紐を通してくれ、「風呂に入るときはこれを浴室のドアのノブにかけろ」とのことです。それでは女子が入っていることが丸わかりです。「そんな、わかっちゃうじゃん！」と思ったのですが、仕方ありません。そういう感じでお風呂には入りました。女子の部屋もないので、ほかの男子学生が使ったような、少し汚なめの小さい部屋をあてがわれまして、それで私はなんとかやってこれたのです。

　さて、図版8に写真を載せた船、当時の東京水産大学の船です。いちばん左が海鷹丸というちばん大きい船です。その右隣りが神鷹丸、さらにその右隣りが青鷹丸。いちばん右の写真がもっとも小さいひよどりです。品川の東京水産大学にはこの四つの船がありました。全部練習船、実習船です。これで、マグロの延縄漁をやったり、イカ釣りをやったりするのです。

大学三年生のとき、私は初めてこの海鷹丸に乗って、日本一周一ヶ月間の航海実習をしました。東京水産大学の学生は三年生になったら誰でもやります。その航海の途中、北海道の小樽に着いたときです。ちょうど新聞記者の方が地元ネタを探しにいらしたのです。私がワッチ――船乗り用語で「当直」のこと――でデッキに立っていたので、「あ！　実習船に女子学生がいる！」と取材をしていただき、記事になりました。その後、何週間かして東京に帰ったら、その新聞記事が全国に配信されたようで、応援してくれる人がとても増えていました。「これは後に続く女子のためにも、頑張らなくては」と思った次第です。

それから四五年が経ちました。いまでは女子学生も増えましたし、トイレも女子用があるし、なんとお風呂もあります。それもミストシャワー付きです。そういう私の学生時代には考えられなかった設備も出来ています。女子用のきれいな部屋もあって、研究員の部屋になると、にっぽん丸と同じように、小さい冷蔵庫もついています。そういうふうに環境がとても変わりました。

そういう女性がどれだけ社会に進出しているのでしょうか？　じつはなんと、このにっぽん丸にもいます。私の後輩です。東京海洋大学卒で、男子ひとりと女子ひとり。男子は三等航海士で、女子は三等パーサーです。どこかで見かけたら、みなさん、声をかけてあげてください。

女子がオザキ、男子がオガタです。

あと、図版8の吹き出しに「同乗していた先輩が……」と記しました。これはどういうことかと言うと、なんと、このにっぽん丸に乗った次の日だったと思います。乗客のおひとりから声を掛けられたのです。よくよくお話を伺うと、私が大学三年生のとき初めて海鷹丸で航海実習をしたとき、その方も男子学生として海鷹丸に乗っていたと仰るのです。滅茶苦茶、凄い縁だと思いませんか？

四五年前に同じ船に乗っていた方が、今回も同じ船に乗ることになりました。とてもご縁を感じます。その先輩が覚えておられたのは、海鷹丸に乗船していたとき、私はじめ何人かの学生が、早朝から裸足になり実習着の裾をたくし上げて冷たい海水が流れるなか、デッキブラシでデッキをゴシゴシと掃除させられていた、船長らにとても怒られている風だったとのことです。それでハタと思い出したのですが、その前夜、イカ釣りの実習をしました。ただイカを釣っても、食べられるわけではないのです。でもどうしても食べたくなって、釣ったイカを一ぱいポケットに入れ、後で食堂に行って捌(さば)いて、みんなで食べようと思ったのです。ポケットに入れると、イカは防御反応で墨をブワッと吐きます。それで、入れた途端にポケットの中は墨だらけになり、デッキにも猛烈に墨が飛び散ったのです。そんなことは暗くてわからないからそのまま船内に戻ったら、次の朝、船長が見つけて、「こんなことをしたのは誰だ！」と。それで「ハイ」と手を挙げたら、罰としてデッキ掃除をやれと言われて、デッキを掃除していたというわけです。それを、いまにっぽん丸に乗っておられる先輩が目撃していたのです。四五年経ったいま、先輩のお話でそういうことがあったのを思い出しました。

話を戻しますが、本当に四五年経ったいま、女性が船や海の社会にたくさん進出してくれ、嬉しい限りです。私がこのときいろいろやったことで、このように広がってくれたのです。ほんとうに良かったなと思っています。

青山繁晴との出逢い

そうだ！　あと、最後に書いてある「その記事で夫と知り合った」について説明します。夫は青山繁晴というのですが、知っている方は知っていると思います。このときはまだ青山も学生でした。慶應義塾大学文学部を考えるところあって中退し、早稲田大学の政治経済学部の経済学科を受け直して入り、スキークラブに所属していました。アルペン競技の練習で両膝の皿を割って滑れないでいたとき、慶應の友だちから「大学祭に加山雄三さんを呼んでコンサートを開くんだけど、売れ行きが悪くて困ってるんで手伝ってほしい。それも今まで交流のない大学に売ってほしい」と頼まれたそうです。

私が新聞記事でとりあげていただいたとき、そこに「海の好きな加山雄三さんの影響で船乗りになります」と書いてありました。その記事を青山が見て、「あっ！　この人にチケットが売れるかもしれない！」というふうに思ったらしい。青山から家に電話がかかってきたのが最初です。それが出会いです。チケットを私は一〇枚ほど買って、同じ船に乗っていた大学の仲間たち一〇人と一緒に、全員制服で学園祭に行きました。学生の制服といっても、航海士の制服と一緒です。かっこいい制服なので、とても目立ったようです。コンサートは成功したらしいのですが、これが青山との初めての出会いでした。

厳しかったふたつの決断

青山との出逢いのために決断しなければならないことが新たに出てきました。それが図版9のふたつです。

航海士になるためには学部を卒業してから最低一年間は遠洋航海に行かなければいけません。先ほどから話に出てくる海鷹丸でです。それが残っていたのですが、学部を卒業してすぐ、青山繁晴と結婚しました。つまり必須の遠洋航海一年をしないまま結婚したということです。学生だった青山繁晴が、報道機関の共同通信社に入社し、初任地の徳島支局に赴任することになったからです。

そのとき、母親からは猛反対され、大学からも反対されました。大学からは「折角、女子学生第一号で育ててきたのに、なんでここで辞めちゃうんだよ」と言われました。いまの私ならここで遠洋航海を断念しなかったかもしれません。青山が「女子は何をしても良い。少女時代から毎月の生理に耐え、母となってくれる存在だから。子を産んでも産まなくても、女子は何をしても良い」という信念の持ち主だと深く理解しているからです。でも当時はもう「結婚しよう！」と決めてしまっていたので、そのようにしました。

大学には私の後輩の女子が入ってきてくれていたので、「あとは彼女でもできる。第一号は彼女に任せよう！」と考えました。母には「航海士になるのを断念するのではなく、ここで一旦休止することにした。学業は休止するけれど、あとで絶対戻るから」と丁寧に説得しました。

図版9

第一の決断：学部を卒業して直ぐに結婚

- 母親から猛反対。
- 大学から猛反対。

第二の決断：専業主婦で子育てを先にやる

- 子供が幼いときは、「母親の愛情たっぷり」が必要。
- 夢をあきらめるのは、きっと後悔する。
- 子供のせいにしたら、子供がかわいそう。
- 夢をしばらく保留して、子育てに専念すると腹をくくった。

- 【専業主婦の期間】
  ＊夫が転勤（東京→徳島→京都→大阪→東京）
  ＊家族は徳島2年、京都6年で東京。
  ＊その間、出産、子育て、12年間。
  ＊夢をあきらめたわけではない。
  ＊子供を公園で遊ばせながら、ベンチでセンター試験の過去問を。

南極とマダガスカルに
行きたい（16才）

これが第一の決断。結婚したということです。

次、第二の決断です。

結婚してすぐに学業に戻ろうかなと思ったのですが、長男が生まれました。それで学業ではなく、子育てに専念することにしました。子供が幼いときは——これはあくまでも私の考えですが——母親の愛情をたっぷり注ぐのが必要だと思ったからです。

あと、図版9の「第二の決断」のところに書きましたが、「夢をあきらめるのは、きっと後悔する。」「子供のせいにしたら、子供がかわいそう。」なのです。ここで夢を追求するのを断念したら、「あのときこの子がいなかったら、自分は遠洋航海に行けたのに」と思う日が絶対くるだろう、そう思ってしまう自分がいるかもしれない。そんなことでは絶対に子供がかわいそうだと強く思いました。それで「夢もあとで叶えるし、子育てもしっかりやろう」と決心したのです。青山も支持してくれました。これが第二の決断です。

専業主婦の期間は、図版9の下のほうに書きましたが、頭をずっと使ってないといけないと思ったので、子供を公園で遊ばせながら、ベンチで独りセンター試験の過去問を解いたりしていました。これでモチベーションを保っていました。なんやかんやで一二年間のブランクが出来ました。ブランクというか専業主婦をしました。青山が終始一貫、理解してくれていました。

すぐに迫られた第三の決断

次、第三の決断をする必要がすぐ出てきました。三五歳のときです。

大学へ復帰する時期です。これをいつにしたらいいかな？　と考えたのです。

私たちには息子がふたりいます。三歳違いです。それで、ちょうど次男が小学二年生になるタイミング。大学復帰はここぐらいしかないなと思ったのです。小学一年生の場合、幼稚園から小学校になるので環境が大きく変わります。そのときに母親がいないとかわいそうだと思った。それで二年生になるタイミングにしました。私が三五歳のときです。

青山繁晴が強く後押しをしてくれたのが頼みの綱でした。

ただ、もうひとつ、第三の壁がすぐに現れ

図版10

第三の決断：大学へ復帰する時期

南極とマダガスカルに行きたい（16才）

- 【私が35歳の時】
- 次男が小学校二年生になるタイミングで。
- 義理の母の猛反対
- 後悔しないように。

第三の壁：12年間ブランクがあると復帰が出来ない

- 前例がない。
- 航海士国家試験（筆記）を受けて能力を示して復帰した。
- 遠洋航海（世界1周、5か月）
- 湾岸戦争が起きた。予定より帰国が伸びた。

船上で大学院入試！

ました。

なんと、国立大学である母校に戻ろうと思っても、一二年間のブランクがあるから復帰できないという状況だったのです。まず、国やお役所が得意な「前例がない」を押し出してきます。それには青山繁晴が「あとに続く女性のために、むしろ前例をつくるべきだ」と立ち向かってくれました。当時の青山繁晴は国会議員の選挙に出ろという誘いを断っていて、ひとりの民間人です。それでも説得効果は確かにあり、政府はスタンスを変えました。私は、母校の大学に対して「誰かがやらなくてはダメでしょ。それが前例になるのだから。それが私です！」というようなことを言って、説得しました。ただ、それを受けて大学側も「一二年間も主婦をしていたのだったら、航海学とかすっかり忘れているでしょう」と返してくる。「航海士国家試験の筆記試験は誰でも受けられます。筆記試験をパスしたら、復帰を許しましょう」と、ただしかなりの上から目線で言われました。凄く頭にきたので、「ちゃんと受験します。合格して、戻ります！」と啖呵を切って、頑張って勉強し、筆記試験を受けました。それで、私に残っていた最後の、準備を入れて一年間の遠洋航海に戻ることができました。

と、思ったのですが、私の知らないところでもうひとつの大きな軋轢があったのです。

青山繁晴のお母さんが「小さな子供を残して遠洋航海に出てしまうような嫁さんは離縁すべきだ」と泣いて怒り、さらに「忙しい政治記者のお前がどうやって子供ふたりをみるんだ」と心配されたそうです。

青山はお母さんには「夢を実現するには女も男もない」と説得し、私の航海中は子供を私の母と連携して一日一日育ててくれました。

お母さんは青山に「こんな人間に育てた覚えはない」とまで仰り、青山は「この人間に育てられたからこそ男女の分け隔てなく夢を実現するんだよ」と話してくれたそうです。「それに千春はきっと大学復帰を活かして国と国民のためになることをするようになる」とも言ってくれました。

遠洋航海は、ちょうどこのとき、世界一周でした。大学内や船中での準備に半年以上をかけたあと一一月に出航して三月までです。約五ヶ月。東周りでパナマ運河を越えて、大西洋を越えて、ジブラルタル海峡を越えて、ナポリに寄り、イスタンブールに入ったころに、上空を軍用の大型輸送機みたいなのが低空で飛んで行きました。起きてしまったのです、湾岸戦争が。

だからそこよりも先、本当はスエズ運河を越えてインド洋に出て帰ってくる予定だったのに、スエズ運河が越えられなくなりました。東回りで航海してきた道を西回りで戻りました。だから予定より帰国が凄く延びてしまった。

事態はほんとうは、それだけでは済んでいなかったのです。

私たちの海鷹丸が、そのとき世界一周の途上で向かっていたのは、まさしく戦争のただなかの中東です。航海を中断し、学生たちとクルーを空路、日本に戻すべきだという議論も水面下で起きていたようです。

再び青山繁晴が動き、当時はいち民間人ですが時の総理、海部俊樹さんに直に話しました。航海の継続をお願いするということではなく、戦争の実態と航海ルートからして海鷹丸に危機が及ぶ可能性は極めて小さく、ここでやめてしまうというのは危機管理ではなく危機に屈してしまうことだと、正面から議論をしてくれました。

そんなことがあり、帰国後はすぐ大学院に行く予定で、大学院の試験を受けようと思っていたのに、受けられなくなりました。ただ大学側もこのときは理解があり、仕方がないということで、海鷹丸でそれも船長室で大学院入試を受けました。船長室の小っちゃい机です。私が座ったら、船長は目の前にいる。監督官として目の前に座っているのです。私が一生懸命解いていると、船長、そのうち飽きてくるのです。それですぐ問題を解いている私に話しかけてくる。それで、「船長、それは、あの、ちょっと無理です」みたいな感じで返しながら、なんとか試験を受けることができました。これで合格して大学院に行くことができた。

なんとか復帰できたのですが、さぁここで、小学校二年生の次男のことです。

本クルーズ出発まで三〇年以上気になっていたこと

まず、子供たちにとってお母さんが一年間近く遠洋航海でいなくなってしまうということは、どんなことかということです。遠洋航海に出たとき、私は三五歳。次男は七歳です。当時、出航のときにテープ投げをするのが慣例でした。次男は、船から飛んで来た紙テープをじーっと握りしめ、海鷹丸が遠くにゆっくりと離れていくまで、ずーっと船を見ていたと、帰国後に夫から聞いたのです。可哀想なことをしたなと思って、まぁでも理解してくれているかなと思っていました。

青山繁晴によると、こんな情景だったそうです。

わたしが紺色の凛々しい制服を着て、制帽を被った姿に、まず子供たちは知らないお母さんを見るようで、とくに小さい次男は複雑な顔をしていたそうです。私が敬礼をみんなにして、船内に消えて、さぁ出航となるのですが、飛行機と違って船はなかなか岸壁を離れません。

私の姿はもうないし、見送りに来てくれていた中高の同級生と青山が話して、帰ることにしたそうです。すると長男はあっさり一緒に帰りはじめたけれど、青山が振り返ると次男は岸壁に、細いうなじの後ろ姿で立ち尽くしていた。青山が戻って顔を見ると眼に涙をいっぱい溜め、もう千切れたテープの芯を握りしめていたそうです。

そうしたら、後日談がありまして、次男が二〇歳のとき、多摩美術大学に入学しました。家は東京都内なのですが大学は東京多摩地区の八王子と少し遠いので、下宿することになりました。図版11中央左の写真は次男が小学生のときから使っていたデスクで、部屋を片付けているとき、私は真ん中の引き出しを開けてみました。そうしたら、一〇年以上前の遠洋航海に出たときのテープがきれいに巻きなおされて、丁寧に引き出しに入っていたのです。

それを見た瞬間に「やっぱり凄く辛かったんだろうな」と思って、絶対理解をしてくれていないかもしれない。海が嫌いになっているかもしれないと、このとき初めて少しだけ後悔しました。さらに後日談があって、ついこのあいだこのにっぽん丸が横浜港を出港するときのことです。次男は三八歳でした。図

図版11

子供達にとって：お母さんが1年間の遠洋航海に…

- 出港の時・・・テープを握りしめ。（次男7歳小学校二年生）

- 後日談：次男（20歳）が大学生になり家を出た日に・・・・

- 更に後日談：2022年12月15日（次男38歳）

版11右下がそのときの写真で、私が船側から、次男と嫁と孫の三人に旗を振りました。青山も見送ってくれていました。このとき、次男もたくさん旗を振ってニコニコしてくれました。これを見て、私はホッとしたというか、感激したというか、母親が船に乗ったり、海の研究をしたりしてるのを許してくれているのだろうなと思えたのです。そしていまは新しい家族ができて幸せなんだ、と感じることができて、ここは思わず胸が熱くなりました。

四一歳の新卒採用

時間がなくなってしまうので、第四の壁にいきます。

第四の壁は、年齢制限で就職ができなかったことです。大学院を出たのは四一歳です。当時、就職できるのはだいたい三六歳くらいまででした。大学院を出てすぐですから、中途採用ではなく、新卒扱いです。

普通のルートでは駄目だったので、「私はこういう研究を

図版12

第四の壁：年齢制限で就職が出来ない

南極とマダガスカルに
行きたい（16才）

【私が41歳の時】

- 中途採用ではなく、新卒扱い。
- だいたい36歳まで。
- アジア航測（株）総合研究所にやっと入社できた。45歳
- 三洋テクノマリンに転職。47歳
- 独立総合研究所に入社。47歳

しています」と知り合いにどんどん言って、このときも青山繁晴が後押しをしてくれて、やっと決まりました。アジア航測株式会社総合研究所というところです。あとは、最後に独立総合研究所（独研）と書いてありますが、いま、私は社長をしています。元々は夫が創った会社です。アジア航測、そして三洋テクノマリン株式会社を経て、そこに入社しました。そのときがもう四七歳です。

偶然の産物――メタンハイドレートとの出合い

ここで少しだけ、私とメタンハイドレートの出合いを紹介しておきます。

本当に偶然なのです。

さっきから何度も触れている海鷹丸という大学の船で、図版13に書いたように、海洋調査の

図版13

私とメタハイの出会いは……この高まりは、何？

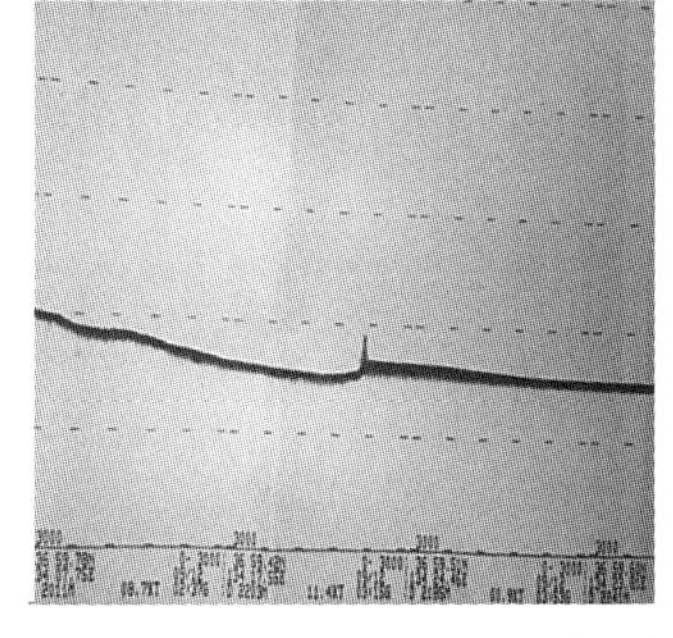

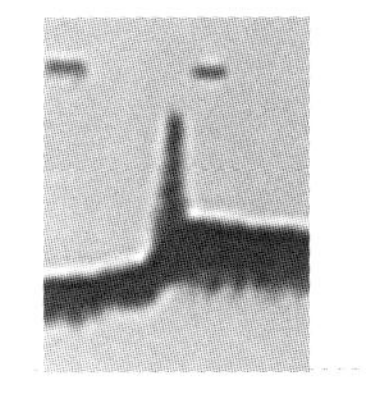

- 1997年1月2日、ナホトカ号沈没重油流出事故
- 1997年9月4日、東京水産大学（現・東京海洋大学）海鷹丸調査の帰り道

帰りのときのことです。皆さん、ご記憶があると思うのですが、一九九七年だからいまから二五年前のことです。一月二日、凄く日本海が荒れて、ロシア船籍のタンカー、ナホトカ号が島根県隠岐東方沖で沈没しました。付近の海鳥などが、流出した重油でベトベトになって、それをボランティアの人たちがゴシゴシ洗ってるのがニュースになりました。

あのとき、ナホトカ号の船体の大部分は海に沈んでしまいました。それも二五〇〇メートルくらいの深海です。ナホトカ号は重油を満載して、中国の上海からロシアのペトロパブロフスクへ向かっていたのですが、船の中にどのくらい重油が残っているのかがわからないということが大問題になりました。普通の調べ方ではどうにもなりません。そこで、それを私が専門の水中音響学というマイナーな専門研究も注目されたのです。政府からの依頼で東京水産大学（現・東京海洋大学）の専門家が調査に当たり、私も調べに行きました。調査自体は上手くいきました。海底に沈んだナホトカ号からプクプク出ている重油の量を測ることができ、船内の重油量の推定もできたのです。

その調査の帰り道です。図版13左の写真は調査に使った測深機の画面です。写真下の数字が深さを示していて、三〇〇〇メートルです。この写真の左から右に伸びている曲線は海底を表しています。写真の真ん中あたりの海底がピョコっと角（つの）のように飛び出ています。こういうふうにピョコっと出ている海底は見たことがありませんでした。しかも水深が二四〇〇メートルもあるところだから、何か人工的な構造物などあるわけがありません。だから「これは何だろう？」と思って、滅茶苦茶ワクワクしました。それで、当時の指導教官に訊いてみました。すると、「これは、多分、ここの崖のところから何か下から、熱水とかガスが出ていて、それの反射だよ」と教えてくれたのです。私はそういう地学的なことが大好きだったから、「これは大発見かもしれない！」と思って、これを地学の専門の先生にいつか見てもらおうと思いました。

われわれには常識でも、異分野では目からウロコ

そして実際に見てもらったのは二〇〇三年です。このピョコっと出ているのを発見してから六年ほど経ってしまっていたのですが、東大で地学の先生に見てもらいました。すると、大変にびっくりされたのです。図版14右の写真は魚群探知機による海中の画像ですが、下のほうが海底で、中央にピョコっとこれも出てます。その地学の教授は、「えっ⁉ 魚群探知機って、こんなに海の中のことが見えるんですか？ 魚以外も見えるんですね！」と仰いました。私たち水産関係者の間では、魚群探知機で海の中が見えるのは当たり前だったのですが、その先生は知らなかった。「目からウロコ」ですと。私たちの常識は異分野（地学）の非常識だったのです。そういうことが、ほかの分野の人とコラボレーションすることでわかりました。

この経験でコラボレーションはとても大事だということが理解できました。これを機に取り組んだ共同研究によって、まず、私の見つけた「ピョコっと飛び出た角」がじつはメタンハイドレートらしいとわかったのです。これは非常に画期的な発見でした。なぜならメタンハイドレートは、要は凍った天然ガスで固体状です。それが噴き出てくる!? この発見まではあり得ないことでした。いまはこれをメタンプルームと名付けています。プルームとは柱という意味です。メタンハイドレートが凍った天然ガスの粒々として次から次へと海中へ噴き出ているのです。

第四の決断は、私がこのメタンハイドレート、メタンプルームを資源として考える

図版14

研究：メタンハイドレートとの出会い

- 1997年日本海ナホトカ号沈没事故調査の帰路に・・・
- 2003年に海洋地質学者に見てもらうと・・・
- 「目からウロコ」、「常識は異分野の非常識」
- 始まった共同研究
- 日本海側のメタンハイドレートの発見

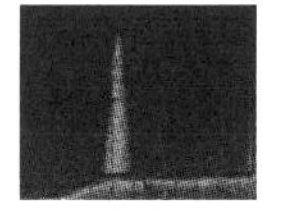

第四の決断：2005年メタンハイドレートの研究の方向性

■特許を取った（中国・韓国などに先を越されないため）
■メタンハイドレートを日本の自前のエネルギー資源として見る。
■独立総合研究所が自腹で調査船の傭船費を出して調査継続。
■政府への働きかけを継続中

青山千春
科学者の話ってなんて面白いんだろう

経済産業大臣へ提言（2017年4月13日）

のか、それとも普通にサイエンスとして、海底から何か出ていますねという研究で考えるのか。どっちにするかということです。

なぜ特許を取得したのか

私は「メタンハイドレートは資源として考えないといけない。日本は資源のない国だと思い込まされてきたことを、変えられるかもしれないのだから」と考えて、まず、魚群探知機で簡単に見つけられる技術を確立して、特許を取りました。最初に日本の特許を取りました。出願からわずか三ヶ月という異例の速さでした。特許庁が評価してくれたことを嬉しく思いました。

するとそのあと、世界の特許がドンドン取れたのです。

アメリカ、オーストラリア、EU全加盟国、ノルウェー、そしてロシア、韓国、中国です。なぜ特許を取ったかというと、お金儲けが目的ではありません。実際、青山繁晴と相談して特許使用料を一ドルも一円も取っていません。

図版14に記しましたが、例えば私がこのことを論文で発表するとします。そうすると、中国や韓国がすぐに真似してしまうのです。そしてもし中韓が特許を取ったら、私たちが日本海などで調査に活用しようと思っても、「それはわれわれが特許取得した方法だから特許料を払え」と言われるかもしれないし、特許料も莫大なものが予想されます。そういうことを想定して、

先を越されず国益を護るために特許を取得しました。

エネルギー資源というのは、中国や韓国は、ロシアもアメリカも世界の諸国もみんな国益を考えて開発をしています。残念ながら日本は国益という意識がとても低いです。でも対抗するために国益のことをしっかり考えないといけないと思います。

図版14右下に書影を載せましたが、『科学者の話ってなんて面白いんだろう』（ワニ・プラス刊）という本を書いて、当時の経済産業大臣にメタンハイドレート開発の重要性について提言をしました。興味のある方は是非、ご一読ください。

〝「国賊」事件〟が起き、やっと予算が付く

日本海側のメタンハイドレートの開発については、政府への働きかけも沢山しました。当時は議員ではなく、民間の専門家だった青山繁晴が政府、政党へ真正面から訴えかけました。でも、政府は当時――二〇〇〇年ころです――メタンハイドレートは太平洋側で最初に発見され、それに基づいて開発計画を立ててしまっているため、太平洋側のメタンハイドレートをまずはやるという回答でした。とはいえ折角、日本海側に沢山あることがわかったのだから、そちらにも予算を付けてくださいと何度もアピールしに行きました。でもなかなか予算が付かない。政府は一度決めた計画をなかなか変更できない。とくに日本は。アメリカなどは良い結果が出

たものについては、すぐに予算を付け替えたりしますが、日本はなかなかできない。あの戦艦大和も、航空機の時代が来ることがわかっていて、本当はそれに対応した艦に変えないといけないのに、最初に決めたから、当初の計画のままで建造を遂行してしまいました。それと同じ流れがまだ確実にあります。

挙句の果てにはここに記した通り、私を「国賊」呼ばわりする「事件」が起きました。経済産業省の当時の課長が私に、「そんなにしつこく日本海側のメタンハイドレート開発を主張しつづけたら、国民に『国賊』と言われますよ」と発言しました。「それ、全部そ

図版15

第5の壁：政府は一度決めた計画をなかなか変更できない

- 日本海側のメタンハイドレート研究もすすめるべき。
- 国益のために、経済産業省、文部科学省、地方自治体、海外に、アピール。
- 政府は太平洋側の砂層型メタンハイドレート開発にだけ予算を付け、日本海側のメタハイ調査になかなか予算を付けない。
- ついには「国賊」呼ばわり。

しかし、政府のなかにも良心派がいたーっ！

- 2013年度〜2015年度で、やっと日本海側のメタンハイドレート基礎調査に予算が付いた！
- 2016年度から現在に至るまで、やっと日本海側のメタンハイドレート回収技術の検討・開発に予算が付いた！

のまま貴方にお返しします」と思いました。これを聞いた夫の青山繁晴が「俺は国民のために戦う」と憤激して、経産省に直談判に行ってくれました。当時の資源エネルギー庁長官と、発言した本人のエリート・キャリア課長に立ち向かったのです。ただの民間人（当時）としてはとても異例のことです。

そして経産省内で国費で開いていた太平洋側のメタンハイドレートの研究会で、私が日本海側の自主研究の調査を初めて発表することを長官と課長に認めさせました。日本海側のメタンハイドレートは海底に大きな塊が露出しています。

私たちが撮ったその映像を経産省の会議室の壁に映し出したとき、ガス会社と石油公社の若手研究者が「あっ、実物があるじゃないか。初めて見た!」「太平洋側では（メタンハイドレートが海底下で砂と混じっているから）見えない。日本海側では見えるじゃないか」と叫びました。流れが変わる最初の瞬間でした。それで、既に調査結果が出ているのだから日本海側メタンハイドレートの開発もやらないと駄目だとなって、やっと――政府のなかに理解してくれる人もいて――二〇一三年から、日本海側メタンハイドレートの基礎調査に予算が付きました。

じつはそれまで、なんと独研（当時の社長は青山繁晴）が自腹で基礎調査を行っていました。船をチャーターするのに、だいたい二〇〇〇万から三〇〇〇万円かかるのですが、すべて自腹でした。やっとここで国の予算で国のデータとして調査することができるようになりました。

決断の難しさ

もう時間になってしまったので、今日はここで終わりたいと思います。また次回、続きをやりたいと思います。

図版16に壁と決断について考えて、まとめてみました。じつは壁を乗り越えたときより、決断をしたときのほうが、パワーが物凄く必要だったのです。なぜかと言うと、壁はもうあることがわかっているから、バンバンぶち壊していけばいい。でも決断は、その先がどうなっているのかまったく見えないのです。だから不安がとても多い。パワーもとっても要ります。

図版16

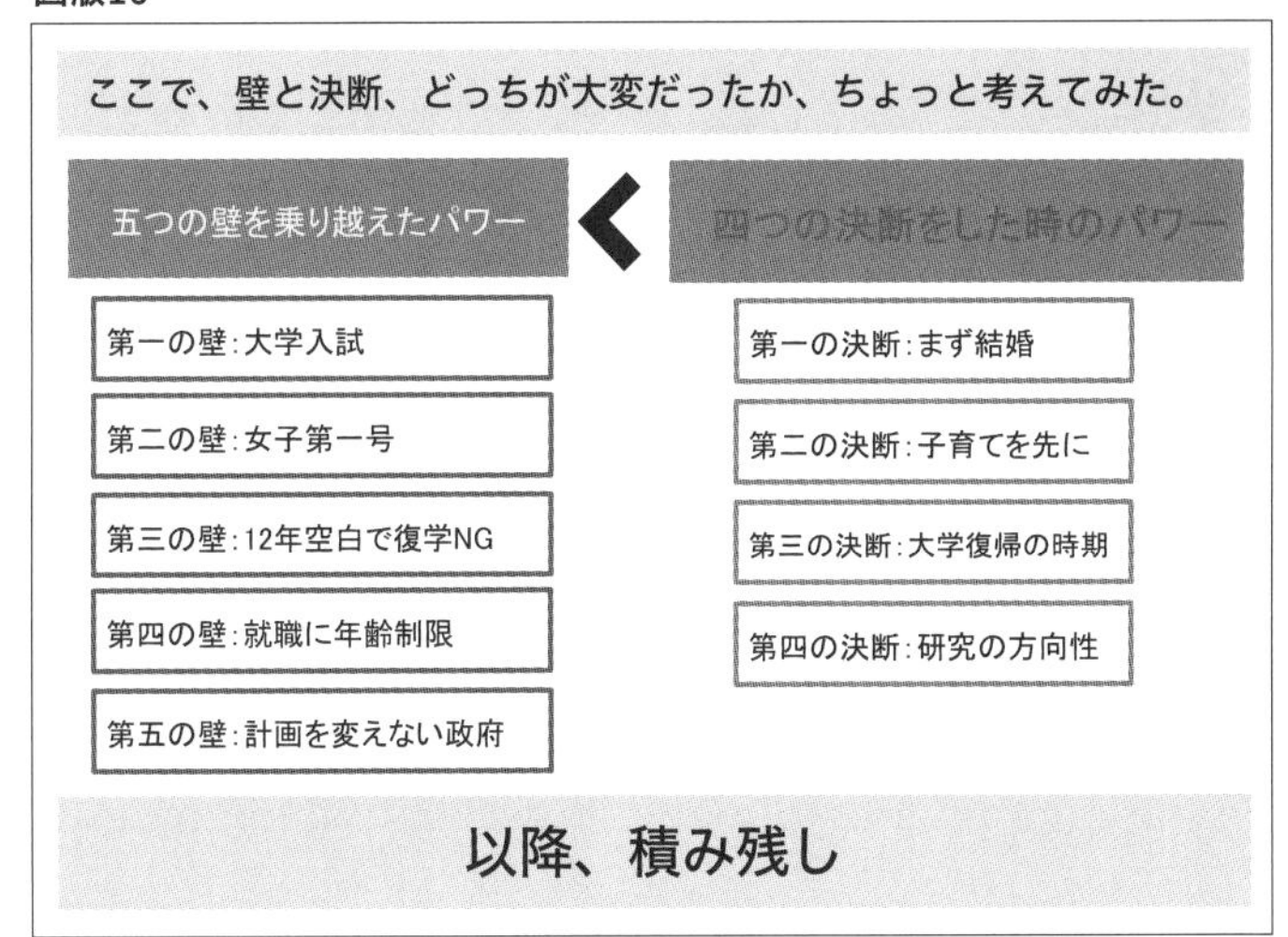

第二回

ニッポンには人類の希望がある、それは海資源の初の実用化

二〇二二年二月二六日

じつは大変なことばかりではなかった

皆さん、こんにちは。青山千春です。よろしくお願いします。

今日は、いよいよメタンハイドレートについて、基礎的なことから概要をお話しします。初めて、メタンハイドレートという言葉を聞いた方もいらっしゃると思いますが、一緒に勉強していきましょう。

今日は第二回目です。今日の本題に入る前に前回、最後まで話せなかったことがあったので、そこを五分くらいお話しさせてください。ちょっと遡（さかのぼ）ります。

私いま、六七歳ですが、延々と喋れるくらい、私の年表は色々なことがあって、なかでも、五つのかなり巨大な壁を乗り越えねばならないときがあったり、それとはまた別に、四つも決断をしなければならなかったときがあったりしたのです。「大変だった」という話をして、盛り上がったところで終了時間になってしまい、とても嬉しいことがあったのを報告する前に終わってしまったのです。それをちょっとお話ししたいと思います。

待望の教員に

六〇歳のときです。だからいまから七年位前。図版17に「訪れたチャンス!!」と記しました。

二〇一五年九月のことです。私の出身の大学でもあります東京海洋大学に、その前の年に新しく学部が出来ました。海洋資源環境学部といいます。

　東京海洋大学はかつての東京水産大学と東京商船大学が合併して出来たのですが、そこに海洋資源環境学部が設立されることで初めて、海洋に関する統合大学という位置づけになります。こういう新しい学部が出来ましたので、教員公募がありました。まったく新しい学部で、それを専門にしている先生が大学内にほとんどいなかったので。全国公募しました。私はその話を聞いて、大学のホームページを見てみたら、まず年齢制限。どこを見てもなかったのです。「六〇歳でどうかな……」と思っていたのですが、「わっ、ない！」「年齢制限がない！」

　あと、性別。第一回でも話しましたが、私が大学に入るときは女性ＮＧの大学が沢山(たくさん)ありま

図版17

60歳の時、訪れたチャンス!!

- 2015年9月、東京海洋大学新しくできた海洋資源環境学部で教員公募が！
- 年齢制限も性別も専業主婦の期間も、不問！
- 出願条件は、海底資源の研究者として、10年程度の乗船実務経験があり、
- 学生指導もできる人。
- 履歴書を提出したところ・・・
- 半年以上に渡る選考の結果、新学部の准教授に！
- あきらめずに研究を続けてきて良かったーっ！

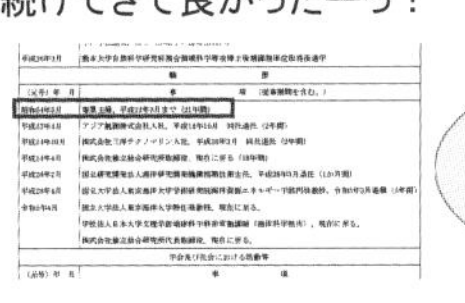

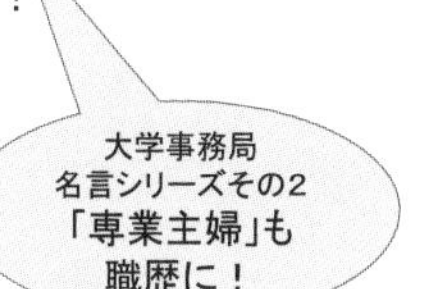

- 青山千春の研究助成のための寄付金が個人の皆様からたくさん集まる！
- 延べ100名、およそ2,000万円。
- 青山研での卒業論文希望者が、他学部から6名も！
- 2016年度、2018年度、2021年度、2022年度学長賞受賞。

した。女性は門前払いです。それで東京水産大学にしか入れなかったのですが、そのときのことを思い出してしまって、「性別の制限もあるかな？」と思ったけれど、それもない。あとは「就職しないで専業主婦の期間が、私は一二年もあったけれど大丈夫かな？」とも思いましたが、そういうのも一切なかった。

・海底資源の研究者として

さらに、図版17の三つ目ですが、「出願の条件があります」と書いてあって、それはまず、「うん、私は海底資源の研究をやっている。メタンハイドレートの調査研究をやっている」と思いました。次の条件は、

・一〇年程度の乗船実務経験があり

乗船の実務というのは、航海士ということではなく、研究者として調査船に乗り込み現場でデータを取ったり、調査したり、色々経験があるという意味です。もちろん私は、二〇〇四年ころから毎年船に乗って調査研究をしていますから、「あっ、ここも私は該当する！」と思いました。最後に、

・学生指導もできる人。

と書いてありました。私は今回の講演と同じように、講義ですね。出前授業みたいなことで講義をしたりもしていますので、「これも当てはまる！」と思ったのです。本当にそのときは

嬉しくて、一個一個大きい声を出して、「ヤッター!!」という感じで履歴書を出しました。

　暫くしたら、大学の事務局から電話がかかってきました。大学の事務局といえば、第一回講演を聴いた方はご存じのように、私はどこの大学も受けられなかったのですが、東京水産大学の事務局の人だけ「女性が入れないって規則には書いてない」と言ってくれた。そうしたら、またここで、事務の人がとっても、良いことをしてくれました。

「専業主婦」は立派な職歴

　私は提出した履歴書に、一二年間の主婦の時代のところは何も書かずに空白で出しました。何も仕事をしてなかったからです。そうしたら、「青山さんの履歴書に、一二年間空白の部分があるんですけど、何をしてたんですか？」とその方が言うから、「またこれ何か、ダメだしかな？」と思ったのですが、丁寧に説明しようと思って、「大学を卒業して、その後一年間遠洋航海に行こうと思ったんだけど結婚して、その間に子供も生まれたから、子育てに専念しようと思って一二年間専業主婦をやってました」と話しました。そうしたら事務の方は、あっさり事務的に「あっ、わかりました。じゃあ専業主婦って履歴書の職歴のところに書いてください」と仰いました。

　私は「えっ!?　そんなことを書いていいの？」と、たいへんにびっくりしました。職歴といったら、「どこか会社などに勤めて、お給料をもらって、初めて職歴になるんじゃないの？」と思っていたので、思わず「えっ⁉　いいんですか？」と言ったら、「はい。一二年間専業主婦をやってたのならそれでいいです。それを書いてください」と答えられたのです。そのときほんとうに目から鱗（うろこ）でした。皆さんはもう履歴書を書くようなことはあまりないと思いますけど、例えばご自分のお子さんとかお友だちで、これから再就職しようと思ってる人には、是非履歴書に堂々と「専業主婦」と書いていただきたい。そういうことを皆さんがお伝えして、背中を押してあげていただきたいなと思います。この「『専業主婦』を是非、履歴書に書こう」ということを皆さんにお伝えしたかったのです。

（会場から拍手）ありがとうございます！

その新学部の准教授というポジションに応募して、半年くらい経過していましたが――選考に長くかかったようです――先生になることができました。図版17に「あきらめずに研究を続けてきて良かったーっ！」と記しましたが、本当にしみじみ、「六〇歳になってから大学の先生になれるなんて、それも母校に先生として返り咲けるなんて」と思って、凄く嬉しかったです。

私が先生になる前、独立総合研究所（独研）の自然科学部長だった時代から、独研が自腹で船をチャーターして研究とか続けていたのをご存じの方が数多くいらしたので、「青山千春の研究助成のための寄付金」という制度を大学が新たに創ってくれました。個人の方々からの寄付が沢山集まりました。なんと延べで一〇〇人に達し、およそ二〇〇〇万円も寄付をいただいてます。おひとりで何回も寄付されてる方もいらっしゃいます。いまもずっと続いていますが、このお金を研究費として使わせていただいています。

例えば、学生がメタンハイドレートの研究をして、国際学会で発表するというのはとても意義があります。国際学会で発表すると、自分が世界的な研究のなかでどれくらいのレベルなのかがよくわかるからです。世界的にも良い研究をしていると、だいたいそこには人が沢山集まって、質問してきます。そういうことを経験するのはとても大切だと思うので、そういう旅費にいただいた寄付から充てています。

その後、経済産業省資源エネルギー庁とメタンハイドレートの共同研究、つまり政府との共同研究をやっていますが、その補完としてやっておかなくてはいけない研究や実験に皆さんの寄付を活用させていただいています。二〇一六年からほぼ毎年、大学から学長賞をいただくようになりました。これも応援していただいている皆さんのおかげだと思っています。あとは大学の事務局のおかげです。教員公募のときに専業主婦も職歴に書いてくださいと事務局に言われたことで、自信をもって応募することができて、そして准教授に採用されて、ここまで来ることができました。

ちなみに青山繁晴は民間の専門家のときから寄付を受け取りません。青山が創業した独研も受け取りません。青山はいま、国会議員です。国会議員は法律で、政治献金の受け取りや政治資金集めのパーティを開くことを保障されていますが、依然として献金ゼロ、パーティゼロです。そのために青山繁晴を応援したい人が、東京海洋大学のメタンハイドレート研究に寄付をしてくれているケースも少なくありません。

質問箱に答える「その一」

今日の本題に入ろうと思いましたが、まだもうちょっと積み残しがありました。船内に「青山千春　講演質問箱」を置いてあります。何か質問があったらここに是非、書いて入れてくださいい。すでにいくつか質問をいただいていますので、それについてちょっとだけお答えしておきます。

先の文章が質問で「↑」のあとが私の回答です。

最初の質問が、

・**メタンハイドレートを魚群探知機で探査するって聞いてるんですが、その方法を詳しく聞きたいです。**↑これは、今日からメタンハイドレートのお話をします。そのなかでお話ししますから理解していただければと思います。

それからふたつ目はですね、ちょっと専門的になって、

・メタンハイドレートの成分、熱量、常温常圧でどういう状態か等々――メタンが気体となって空気中に出ていくことはないか。採掘コスト、採算点はどれくらい？　↑恐らくこの質問をされた方は、かつてエネルギー資源の業界にいらしたのかもしれません。これものちのち講演でお話ししますので、メモなど取っていただければと思います。

あとこういう質問もありました。

・第一回講演では、父が海軍の軍楽隊出身だというお話をしました。そうしたら、海軍軍楽隊出身で、かつ重巡洋艦「足柄」に乗っていた先生、つまり私の父も乗っていた軍艦ですね、それに乗られていた高校の先生にブラスバンドの指導を受けられたという方が受講者のなかにいらっしゃいました。ひょっとしたら、その先生は青山千春の父と同一人物ではないか？　というお問い合わせがありました。↑年代を見たら、その方は高校に一九七六年から三年間在籍なさっていたということですが、父は一九七六年の一〇月ころに亡くなっています。なので、父ではないと考えるべきですね。二年後輩に蛇川さんという方がいらっしゃいまして、もしかしたらこの方ではないかなと思います。

それから次。

・大学へ復帰するときに義母にとても強く反対されました。孫の子育てのことがありますから。あと、ご自分の息子、つまり青山繁晴のこともあります。いずれも「あなた（青山千春）がい

ない間どうなっちゃうの？」と、心配したのだと思います。で、質問は「反対への対処方法はどうされたのでしょうか？　ご主人さまの応援があったのでしょうか？」という問いです。↑これは勿論、「はい」です。青山は「うちの家族のことは、ぼくが全責任を持って決める」みたいなことを言ったとのことです。「女性の夢もちゃんと大切にしなきゃいけないと思う」などと義母に言って、多分、納得はしなかったのですが、まぁ渋々了解してくれたということです。

ここでちょっと思ったのですが、私と青山繁晴が上手く結びついてない方が意外と多くいらっしゃって、何人かの方からは直接「本当に青山千春先生は青山繁晴先生の奥さまですか？」という質問をいただきました。あと、船内の本売り場にいま四冊、置かせていただいてるのですが、その本のなかに「青山千春著」とあって、「assist by 青山繁晴」と記してあるのが三冊あります。それを話題にされてた方の会話が聞こえてきたのですが、「このふたり、苗字が一緒だけど、兄妹かね？」って話されている。「やっ、親子かもしれないよ」とか話されていて、「こんなに認知度が低かったのか！」と思いました。

青山繁晴は元々は民間の専門家として知られています。外交、安全保障、危機管理、資源エネルギー、情報の五分野です。かつては『ＴＶタックル』『朝まで生テレビ！』『ＦＮＮスーパーニュースアンカー』などの番組に出ていました。現在は、参議院議員です。議員になってテレビ番組はお断りしています。二〇一六年に参議院選挙に初めて出まして当選しました。今年

（二〇二二年）の七月には二回目の参議院選挙に出まして、当選していま二期目です。

私はその選挙活動のいずれにも参加していません。参加というか手伝っていません。なぜかというと、選挙は毎回七月です。七月はだいたい船に乗っているのです。陸にいないので、選挙活動を一切手伝っていません。

青山が、YouTubeで「青山繁晴チャンネル・ぼくらの国会」という動画を配信して三年で視聴二億五〇〇〇万回超えとのことですが、あとブログなども書いてるそうですが、そういうのは一切見たことがありません。そのため、このあいだ別件の仕事で会った人に、「あの、青山繁晴さんってご主人って聞いてるんですけど、普段からあんなに熱い議論をされる方なんですか？」と聞かれてしまって、YouTubeでどうやら、物凄く熱い議論をしたり、熱く語っていたりするらしい。でも普段は全然そういう人ではなく、『なんでも鑑定団』などをふたりで見ながら「あれ偽物だよね？」とか話している夫婦です。これをちょっと皆さんにお知らせしておきたかったので、ここでひと言お話ししました。

メタンハイドレートの基礎知識

では、本日の講演内容に入ります。メタンハイドレートについてお話をしていきます。

今日の話を細かく分けると、だいたいこんな感じでお話ししていこうと思います。

・メタンハイドレートとはどんなものか？
・どういう状態で存在しているか？
・どの辺にどれくらいあるのか、もうわかっているのか？
・わかっていてもそれはどうやって探すのだろうか？
・あるいは、探し当てたけれど、それをどうやって回収するんだろうか？
・それから、メタンプルーム。これは何だろうか？
・水深が一〇〇〇メートルくらいの海底の様子を無人潜水機――略称でROVといいます――で撮影した画像がありますから、お見せしたいと思います。

では進めていきます。
あっ！　その前に一枚、図版18があります。

ほんとうに日本には資源がないのか？

図版18は、「海洋の利用及び開発を支える環境整備」という難しいタイトルがついてますが、何年か前、国土交通省が発表しました。

ここに「日本は資源がない国と教わってきた」と載せました。私はそう教わったのですが、きっと皆さんも同様だと思います。でも図版18－1を見ると、そうじゃないことがわかります。それで見てもらおうと思い、用意しました。

　実線のラインに囲まれているところは、「排他的経済水域」という名前が付いています。文字通りこのエリアは日本の陣地です。陣地というか日本のなかです。このなかで魚を獲ったり、あるいはエネルギー資源を採ったり、それは日本は自由にしていいよ、でも、自分たちできちんと管理しなきゃダメだよというエリアです。例えばカニが

図版18

国土交通省ホームページより

沢山（たくさん）取れるからといって、バーっと一年間で全部獲ってしまったら終わりですね。だからそういうことを管理しながらやるという決まりがあるのですが、それを自分たちが主導できるエリアが「排他的経済水域」です。

どういうふうに引いてあるかというと、国土から二〇〇海里離れたところです。一海里というのは、一八五二メートル（一・八五二キロメートル）です。二〇〇海里ですから、約三七〇キロメートルです。だけど、例えば韓国には済州島があったり、九州と韓国の間は二〇〇海里もありません。そういうところはその中間で線を引きます。中間線を引くのです。このあいだ通った石垣島は図版18-1の左下に載っています。石垣島のすぐ北には尖閣諸島があります。この国交省の資料では尖閣諸島もしっかり陣地に入れたうえで、中間線を取っています。竹島もそうです。

図版18-1

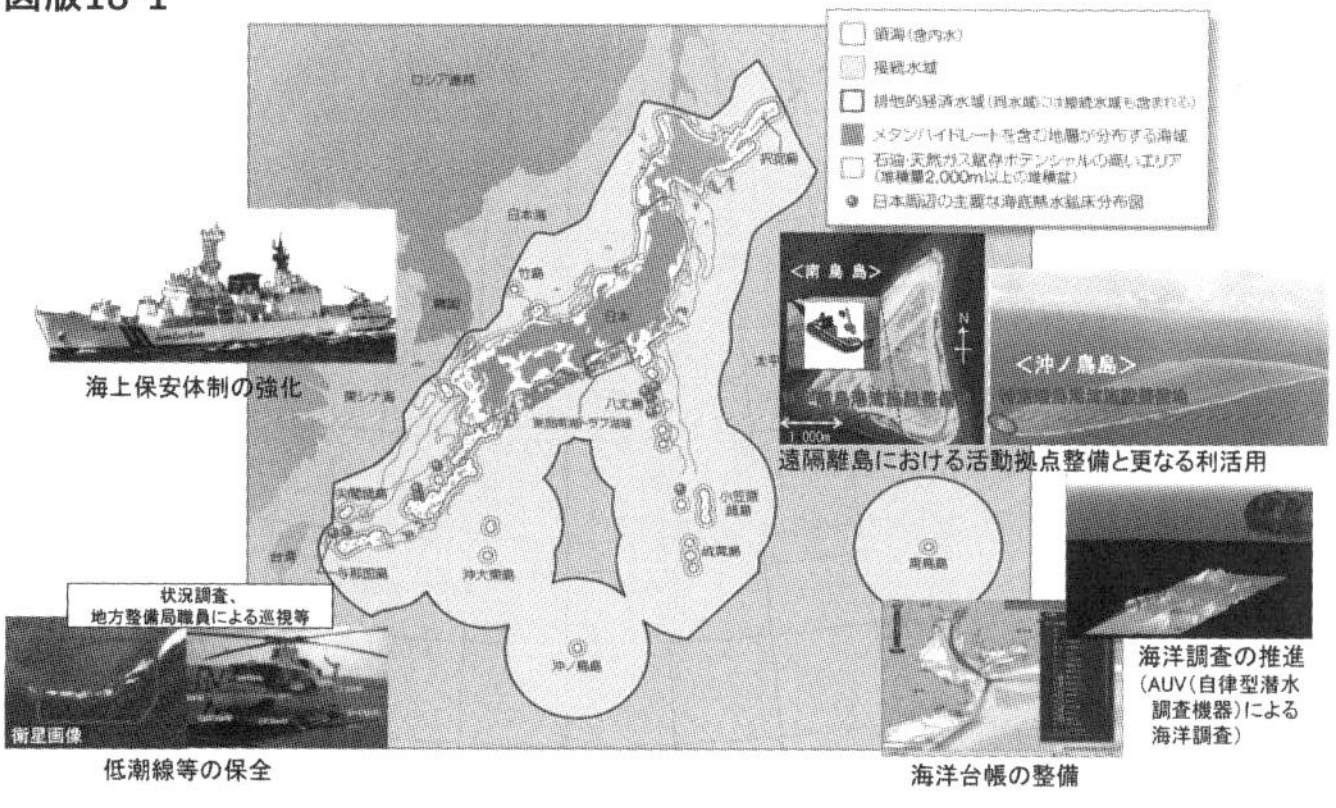

国土交通省ホームページより

「排他的経済水域」のなかに色々な分布が示されています。これらは例えばメタンハイドレートを含むポテンシャルがとても高い海域、石油・天然ガスが海底の下に沢山埋まっているポテンシャルが高いエリアです。これ、驚きませんか？「えっ⁉たしか日本には資源がないって教わったよな？」と。

私はこんなにいっぱい資源が分布していると記してあったので、びっくりしました。それですぐに国交省の人に聞いてみました。そうしたら、「資源は沢山埋蔵されているけれど、取り出さないと資源として使えない。まだ取り出す方法がわかっていないから、国民は『資源がない国』と教わってきたのではないだろうか」と、苦しい説明をされました。

昔は掘削技術も乏しかったから、掘り出せなかった。しかし、最近は掘削技術がかなり発達していますから、やろうと思ったらできます。じつは日本の周りにエネルギー資源が沢山埋まっているのです。そのなかのひとつであるメタンハイドレート、わが祖国・日本はこれを取り出す方法を目下、開発中です。

まずメタンハイドレートをキッカケにして、自分の陣地のなかのエネルギー資源は、自分たちの手でいざとなったら取れるようにしておこうというのが、いまの政府の考え方です。とくにロシアがウクライナに侵攻してエネルギー危機が起きました。それで自前のエネルギー資源を持ってるのはとても大事だということが、多くの日本国民に認識されました。いまこそ、国民の皆さんに日本のエネルギー資源について、理解を深めてもらう機会が来たと私は思っています。

改めてメタンハイドレートとは?

「メタンハイドレートとは」ということで、図版19に記した四つについて説明します。

図版19左の写真の白い粒々、これがメタンハイドレートの塊です。固体です。これに、火を点けるとプワッと燃えます。上でプワっとなっているのが炎です。ガラスのシャーレに入れてるので、この粒々は直径二センチメートルくらいです。

実際にメタンハイドレートをこのように燃やして使うわけではありません。エネルギー資源だということを示すために実験でこういうふうに燃やしているのです。実際はここから取り出したメタン成分を燃焼させて、発電したり、そのまま都市

図版19

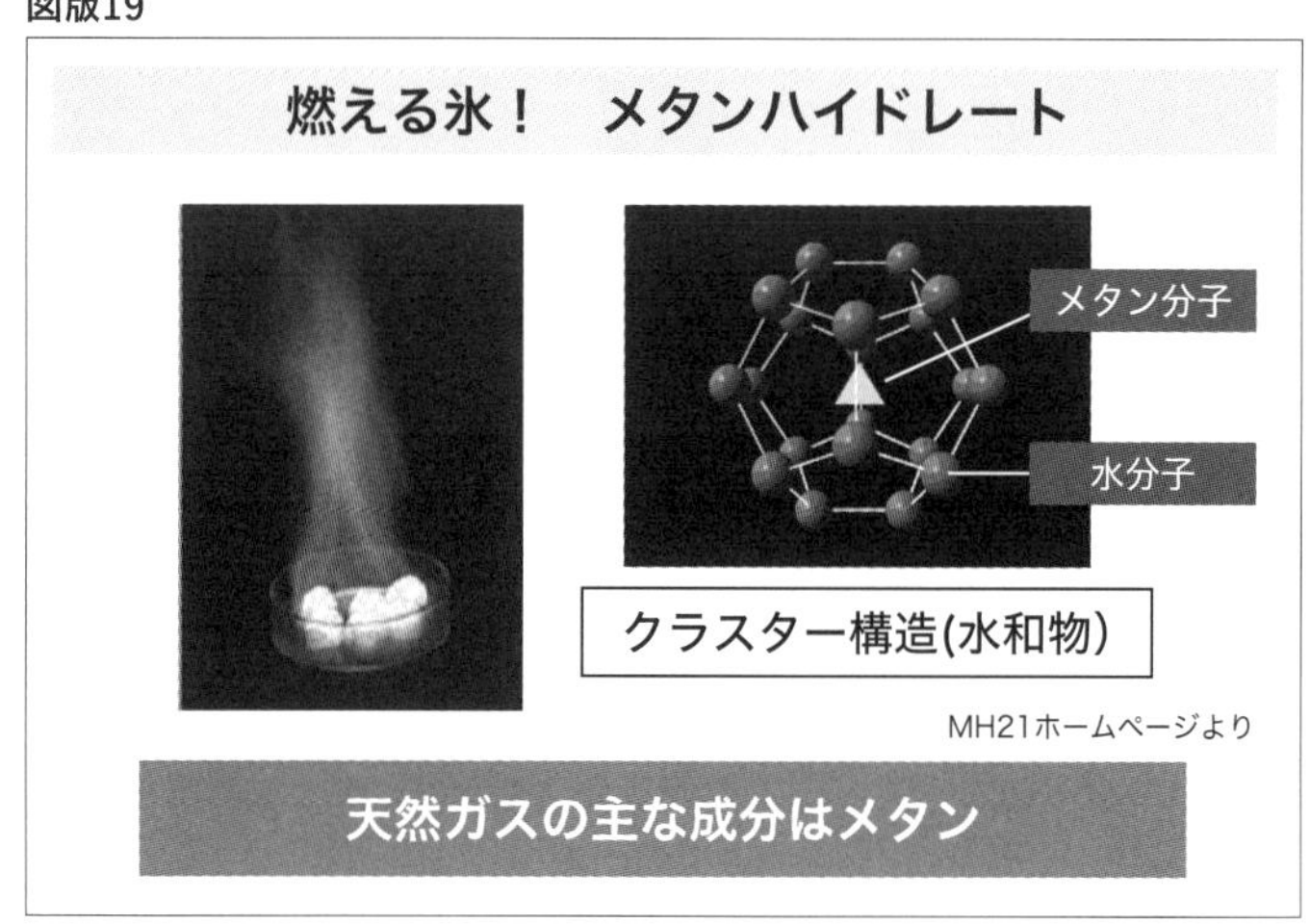

ガスとして使ったりします。

　図版19右がメタンハイドレートの分子模型です。球体が水の分子です。それがカゴみたいになっています。これをクラスター構造といいます。水和物ともいいます。そのなかにメタンの分子が一個、入っています。これをメタンハイドレートといいます。

　皆さんが使ってる天然ガスのおもな成分はメタンです。都市ガスもそうです。メタンハイドレートは、この状態、つまり固体から溶けたら、水とメタンに分かれます。メタンは天然ガスと同じなので、メタンの性質は天然ガスと同じと考えてよろしいです。

メタンハイドレートはどのように埋まっているのか

　さて、最近メタンハイドレートが日本の周辺にあることがわかってきていますが、それではどういう状態で存在しているのかを図版20で示しました。埋

図版20

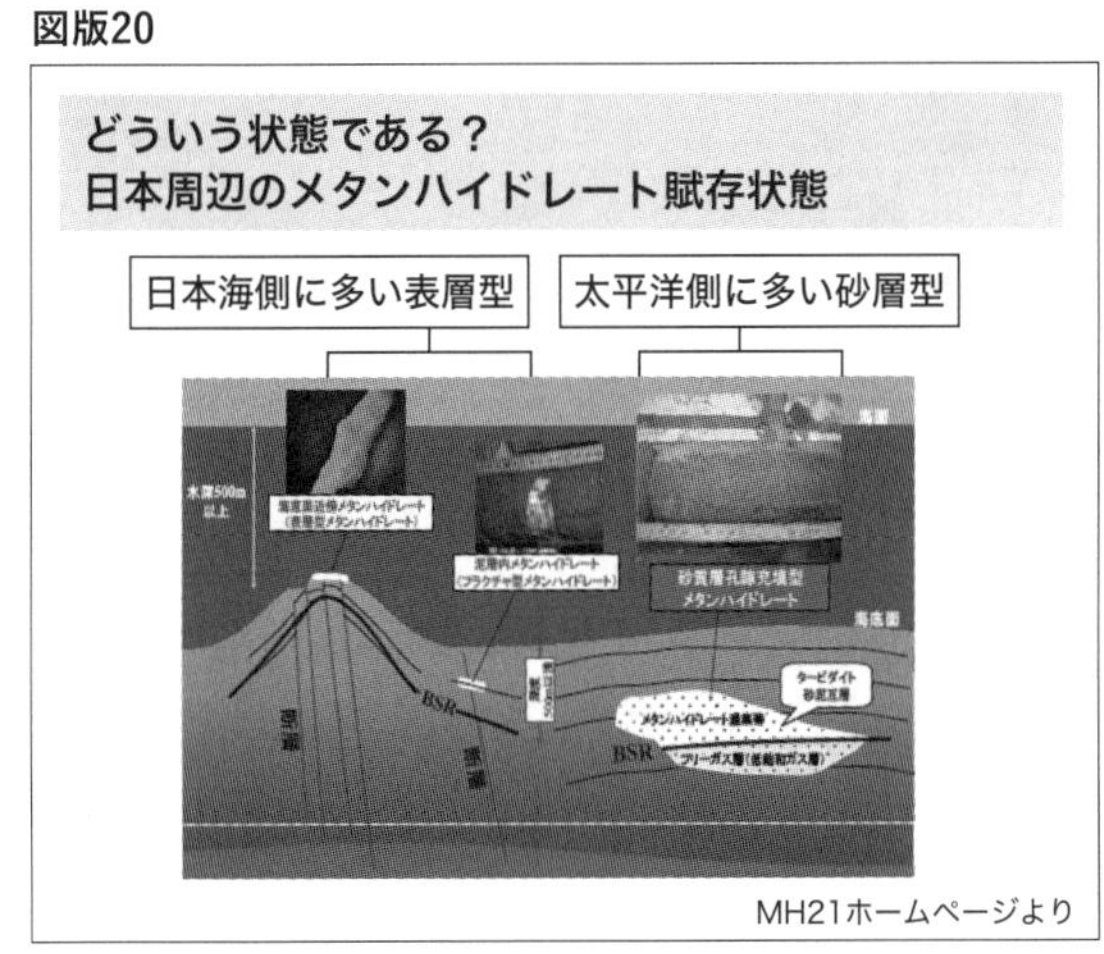

MH21ホームページより

まってる状態のことを、賦存状態といいます。メタンハイドレートの賦存状態には、大きく分けてふたつの種類があります。

ひとつは砂層型。もうひとつは表層型です。歴史的に見ると、砂層型のほうが先に見つかりました。開発も二〇〇〇年くらいから始まっています。開発というのは、どうやって回収するかという「回収技術」の開発です。砂層型は太平洋側に多いです。

もうひとつの表層型はいまから二〇年くらい前に初めて発見されました。政府がこれを回収しようと開発が始まったのが二〇一三年です。砂層型より一五年くらい遅れています。発見が遅かったからです。発見といっても私たちが発見したんですけど……。この表層型は日本海側にあります。

図版20-1

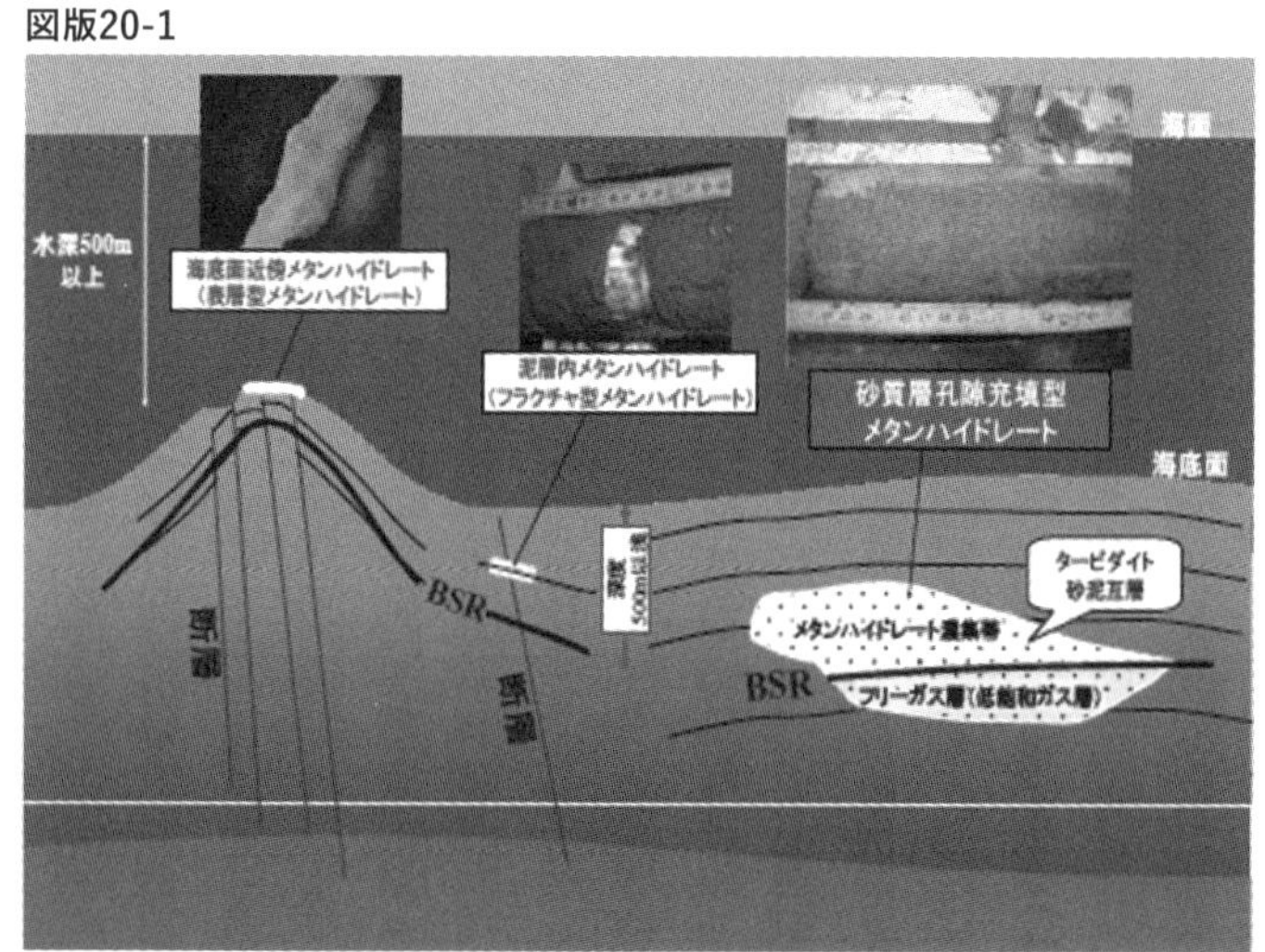

表層型から先に説明します。図版20－1の天地半分くらいにある左右に伸びる曲線は海底面と思ってください。その上の部分が海のなかです。海底面左側の表面に記したのが表層型メタンハイドレートです。本当に表面にあり、潜水機で潜ると見えてたりもします。左上の写真のように大きな塊になっているものもあります。

あと、もし表層型メタンハイドレートが海底の下に埋まっているとしても、海底面から一〇〇メートルくらい下までしかありません。どうして一〇〇メートルくらい下までしかないかと言うと、じつは、海底の地面——堆積物とでもいえばいいでしょうか——の下は温かいからです。印象として、海底なので全体的に冷たい感じがするかもしれません。でも温かい。海底から一〇〇メートル下がると、温かくなってしまうので、メタンハイドレートはメタンハイドレートとしてじっとしていられないのです。メタンと水に分かれてしまいます。このことはのちに詳しく話します。

ということで、メタンハイドレートが存在できる限界ギリギリが海底の一〇〇メートルくらい下です。これが表層型のメタンハイドレートの特徴です。見た目は白い塊だから、すぐにわかります。

一方、太平洋側に多い砂層型メタンハイドレートはどういうものなのでしょうか。砂層型のメタンハイドレートは、表層型メタンハイドレートと違って、肉眼では見えません。砂粒と砂粒の間に粒々の状態で入っているからです。だから図版20－1右の写真のように、どう見ても砂のサンプルにしか見えません。砂層型が埋蔵されている海底から砂を取ってきても、メタンハイドレートがあるかどうかわかりません。ただ、それに火種を近づけると、全体がボワーっと燃えます。メタンハイドレートが中に入っているからですね。そういう感じで砂層型と表層型とでは埋まっている状況も全然違います。

それから、どのくらいの深さに埋まっているかも違います。砂層型は表層型よりも深い。海底面からだいたい二〇〇から三〇〇メートルくらい下のところに埋まっています。あとで詳細は説明しますが、図版20－1の海底面の下に太い実線で記したBSR。BSRとは、海底疑似反射面のことです。難しい言葉ですが、海の中で音波を発生させると、まるで海底にぶつかって返ってくるみたいに、はっきりと地層の境目で反射する面があります。海底面下の地層を調べる手法のひとつです。具体的には地震探査、これは地震を調べるのではなくて、人工的に小さな地震のような振動を起こして音波を出し、地質を調べるやり方です。それを使うと、メタンハイドレートがあるところには一定のラインが現れることがわかってきました。そのラインの上の部分に目に見えないくらい小さいけれど、砂粒と砂粒の隙間にメタンハイドレートが入っています。砂層型メタンハイドレートはこういう状況で存在しています。

メタンハイドレートはどのような環境で安定するのか

先ほど、海底の下深くまで行くと温かいから、メタンハイドレートはメタンと水に分かれてしまうと言いました。これについて説明します。

メタンハイドレートはある条件の下でしか存在できません。図版21に「陸上で実物を見たことがある？」と記しました。皆さん、多分、御覧になったことはないですよね？　もし見たことがあるとすれば、それは液体窒素の中に入れておいたものです。液体窒素はマイナス一九六度くらいです。メタンハイドレートは大気中では存在できません。それを表したのが図版21です。

図版21

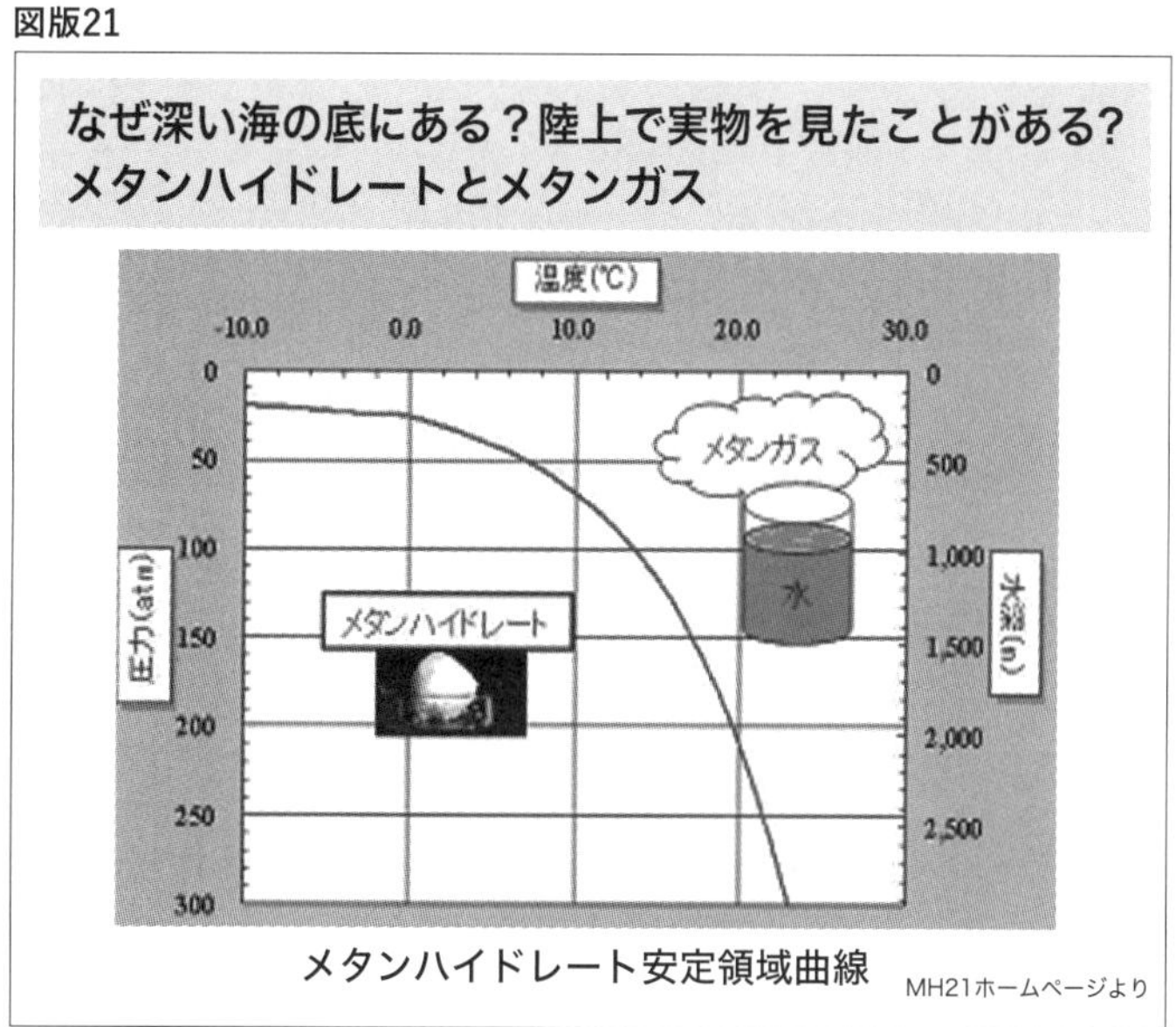

メタンハイドレート安定領域曲線

MH21ホームページより

図版21のグラフ左の縦軸は圧力です。これは下にいくほど圧力が高くなります。右の縦軸は水深で、下に行くほど深くなります。圧力と水深はほぼ一緒に増えていきますので、水深を見ていきます。グラフ一番上のラインがゼロメートル。いま私たちのいるところは一気圧ですから、このラインのすこしだけ下です。水深は五〇〇メートルから三〇〇〇メートルまで記しています。

横軸は水温です。だからグラフ一番上のラインが温度で、マイナス一〇度からプラス三〇度まで記しています。私がよく調査をする日本海は水深がだいたい九〇〇メートルで水温〇・五度です。じつは日本海には「日本海固有水」というものがあります。北アルプスからの雪解け水が、富山湾に集中して流れてくるのです。そうすると、冷たい水は重いから、富山湾から日本海に向けてドンドン冷たい雪解け水が流れて入り、富山湾から少し離れたところは海底が深くなっているからドンドン下のほうに溜まっていきます。これを「日本海固有水」といいます。だいたい水深三〇〇メートルあたりまで、冷たい水の塊があります。よくお風呂でお湯をかき混ぜないで入ると上が熱くて下が冷たい。ああいう感じです。

そのため、私がいつも調査しに行っているところ、それは新潟県の沖ですが、そのあたりも海底近くの水温が〇・五度です。先ほど私がよく調査をする日本海は水深がだいたい九〇〇メートルと申しました。グラフ横軸の九〇〇メートルあたりから左に視線を伸ばして、水温が〇・五度のあたりで止めます。ここがいつも私が調査している海底の条件です。

　グラフ左上から右下に向けて曲線がありますが、これを「メタンハイドレートの安定領域曲線」といいます。この曲線より左側だと、メタンハイドレートは安定した状態でじっとしています。一方で曲線より右側、グラフの右上のほうにいってしまうと、メタンハイドレートとしてじっとしていられなくなり、メタンと水に分かれてしまいます。

　例えば、海底面にあったメタンハイドレートを、自分が潜って行って、掴んで「わ〜、これ、船の上に持って行こう！」と思って、ぐいぐい上がって行くとします。そうすると、この図でいうと、安定領域曲線、だいたい水深は三〇〇メートルくらいで、水温は二三度くらいですかね、それを超えたら、自分の持っていたメタンハイドレートは塊だったのに、ぶくぶくと泡が出て小さくなって、恐らく、船の上まで来たときにはなくなっています。というような感じです。

　だからメタンハイドレートは、陸上ではなかなか見ることができません。普段は冷たい水温の海のなか、それも深海。そういう所でメタンハイドレートとしてじっとしています。

　あと、メタンハイドレートの比重は〇・九です。比重は水の重さと比べたときに、一より低かったら軽いということです。だからメタンハイドレートは、例えば水深一〇〇〇メートル近くの海底からポコッと取って離すと、自然にユラユラ〜っと浮上していきます。それで「安定領域曲線」を超えたら固体でいられなくなるので、メタンと水にブワーッと分かれていきます。

表層型メタンハイドレートのある場所、その量

では、メタンハイドレートはどこにどれくらいあるのか？　そういうのも調べられているのかについて話していきます。

国が予算を付けて、表層型メタンハイドレートと砂層型メタンハイドレートに分けて調べています。私はいま、表層型メタンハイドレートを研究していますので、こちらから先に説明します。

これまで調べられていた場所は、図版22－1に示しています。三年間でこれらすべてを調査しています。私がよく調べているエリアは新潟県の上越沖ですが、この図では点にならないくらいの面積で、「海鷹海脚」と呼ばれています。東京海洋大学の

図版22

どこに、どれくらいある？
表層型メタンハイドレート資源量把握調査
(2013年度から2015年度)

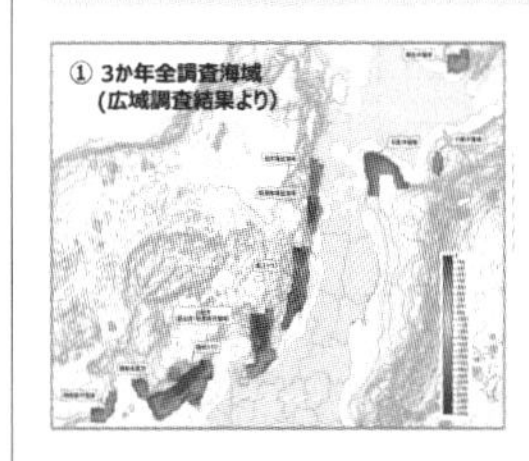

海鷹海脚の1つのマウンドで、メタンガス換算約6億㎥(約2日分)

(参考) 表層型メタンハイドレートの資源量の試算結果

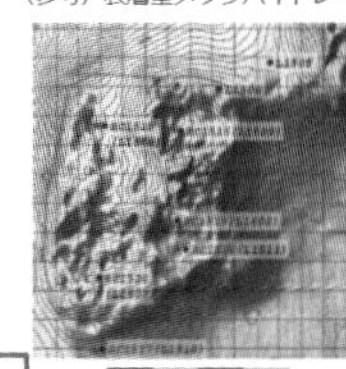

試算の対象とした海鷹マウンド構造（上越沖・海鷹海脚中西部　水深約900m）

1 掘削同時検層（LWD）のデータを利用した試算
（図中の黄点の位置で掘削調査を実施）

2 コア分析のデータを利用した試算
（図中の赤点の位置で掘削調査を実施）

3 海洋電磁探査により取得した海底下の電気抵抗のデータを利用した試算
（ほぼ同様の範囲にわたり、海底下120m程度まで高い電気抵抗部分の体積を積算）

→以上の試算結果を基に、メタンガス換算約6億㎥に相当する表層型メタンハイドレートの存在を推定した。

（注）この推定値は回収可能性を考慮しない「原始資源量」というべき数値であり、「可採埋蔵量」とは異なるものである。

平成28年1月資源エネルギー庁プレスリリースより

わが国周辺の海の底には天然ガス消費量の何年分？
表層型メタンハイドレート全体の量はただいま計測中。

図版22-1

図版22-2

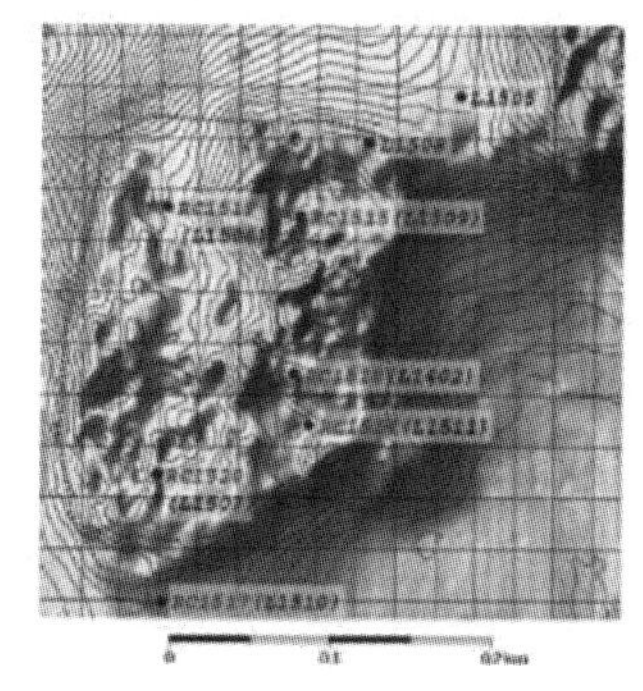

試算の対処とした海鷹マウンド構造
(上越沖・海鷹海脚中西部　推進約900m)

1　掘削同時検層(LWD)のデータを利用した試算
(図中の青点の位置で掘削調査を実施)

2　コア分析のデータを利用した試算
(図中の赤点の位置で掘削調査を実施)

3　海洋電磁調査により取得した海底下の電気抵抗のデータを利用した試算
(ほぼ同様の範囲にわたり、海底下120m程度まで高い電気抵抗部分の体積を積算)

→以上の試算結果を基に、**メタンガス換算約6億㎥**に相当する表層型メタンハイドレートの存在を推定した。

(注)この推定値は回収可能性を考慮しない「原始資源量」というべき数値であり、「可能埋蔵量」とは異なるものである。

「海鷹丸」で私たちが最初に行ったので、海鷹と名付けました。海脚というのは陸地のほうから少し張り出した、ちょっと高いところをいいます。直江津（なおえつ）港に近く、北に向かって一〇ノットの速度で二時間半くらい行ったところにあります。政府はここをターゲットにして詳しく調べたのです。図版22-2をご覧ください。これは二〇〇メートル×二五〇メートルくらいの極々、小さなエリアです。三年くらいの期間だと、精密には、このエリアくらいしか調べられないのです。

ここでは精密に調べたところ、メタンガス換算で約六億立方メートルあるとのことです。そう言われてもよくわからないですよね？　これを日本の二〇一五年の年間天然ガス消費量と比較すると、約二日分だそうです。これが二〇一五年度に報告された内容です。図版22-1のなかで針の先っちょみたいな範囲しか、正確にはまだわかっていないのです。

あとは、どこにどれだけ埋まってるかを、調べてる最中です。二〇二三年度まで調べて、掛け算するだけです。それで、まだ何年分というのはわかっていませんが、まもなく表に出ますので、皆さん、期待していただきたいと思います。

砂層型メタンハイドレートのある場所、その量

一方の砂層型メタンハイドレートです。こちらは表層型メタンハイドレートと比べて一〇年

くらい前から調査していました。図版23－1に「最新のBSR分布図」と書いてあります。BSRとはすこし前にお話しした通り、「海底擬似反射面（Bottom Simulating Reflector）」のことですね。簡単に言うとメタンハイドレートの賦存を示す目印になることをわかってくださると思います。メタンハイドレートの量とは関係がありません。量はこれではわからないのです。でも、どこにあるかはわかります。巻頭PⅦのカラー図版⑤（図版23－2）は世界中のBSRがあるところを示しています。ちょうど私たちが航行しているのはインド洋のモルディブのあたりです。このあたりの下にじつはメタンハイドレートが埋まってるのです。このインド半島の東側にも西側にも埋まっています。あとマダガスカルのあたりにもちょびっとあります。

図版23

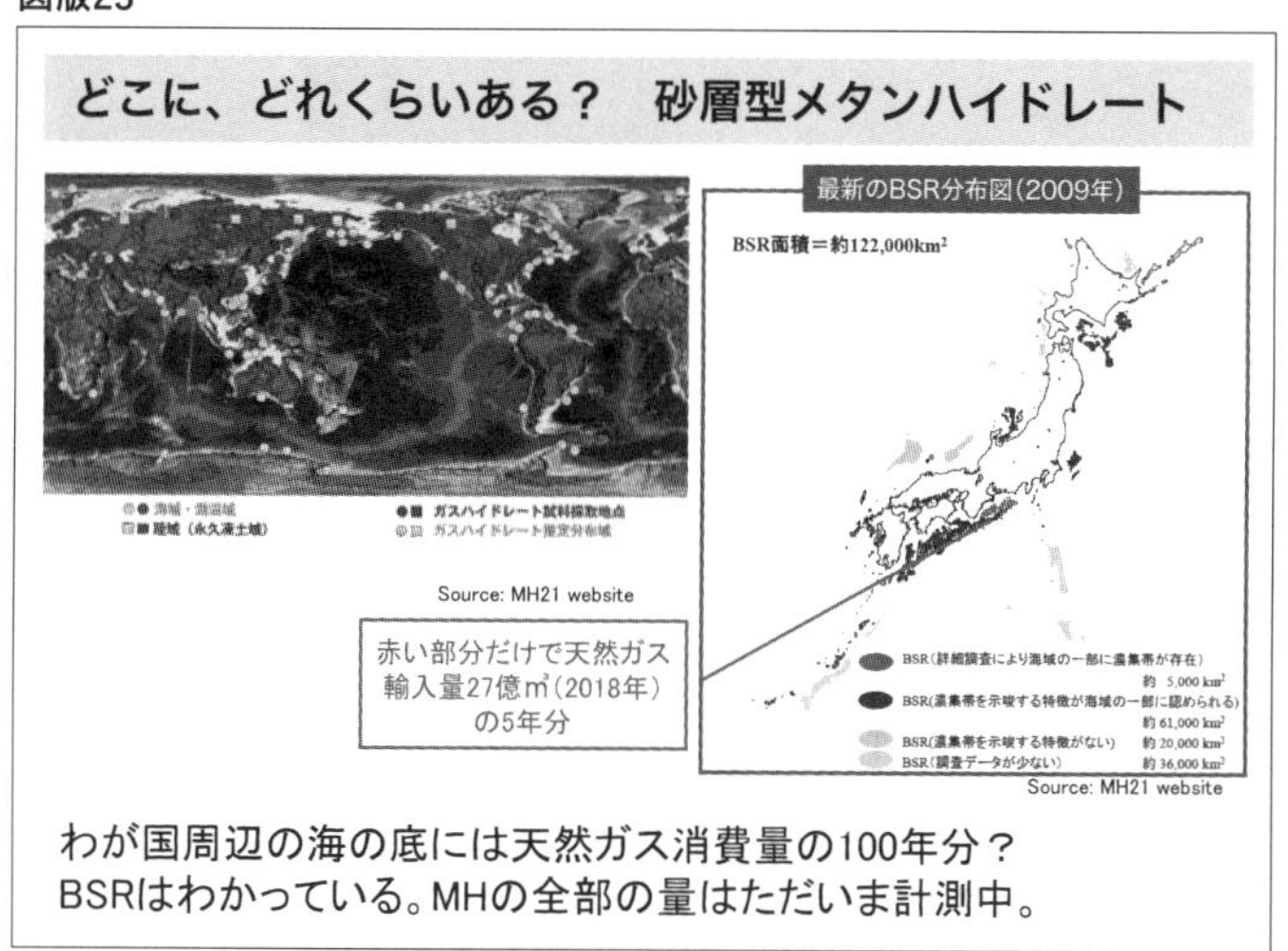

日本周辺を見てください。ＢＳＲを示す丸印が日本列島がわからないくらいいっぱい記されています。日本の周りにはメタンハイドレートが沢山あるのです。図版23－1は少し詳しく、拡大しています。和歌山県の東側、熊野灘のあたりと、愛知県の南側、三重県の東側のエリアでは、政府が一番初めのころからずっと調査しています。このエリアは、先ほど私たちが表層型メタンハイドレートの調査をしたと申し上げたエリアよりかなり広範囲です。先に触れた表層型の調査エリアは針の点くらいでしたけど、このエリアだけで、比較対象が異なりますが、日本の二〇一八年の天然ガス輸入量の五年分あると言われています。このくらいあると採算が合うと言われているそうです。さ

図版23-1

らにまだ周りにいっぱいあります。砂層型メタンハイドレートも天然ガス消費量の何年分あるか、まだこれについては計測中です。図版23には「天然ガス消費量の一〇〇年分？」と記しましたが、これは二〇年くらい前に算出されたデータです。いまは、計測技術がグンと発達しましたから、もっと精密に計算している最中です。もっと実際の値に近いデータが、そろそろ出てくると思います。

表層型メタンハイドレートの見つけ方

　では、メタンハイドレートをどうやって探すのか？　まず、表層型メタンハイドレートの探査法についてです。最初に魚群探知機で、メタンプルームを探しま

図版24

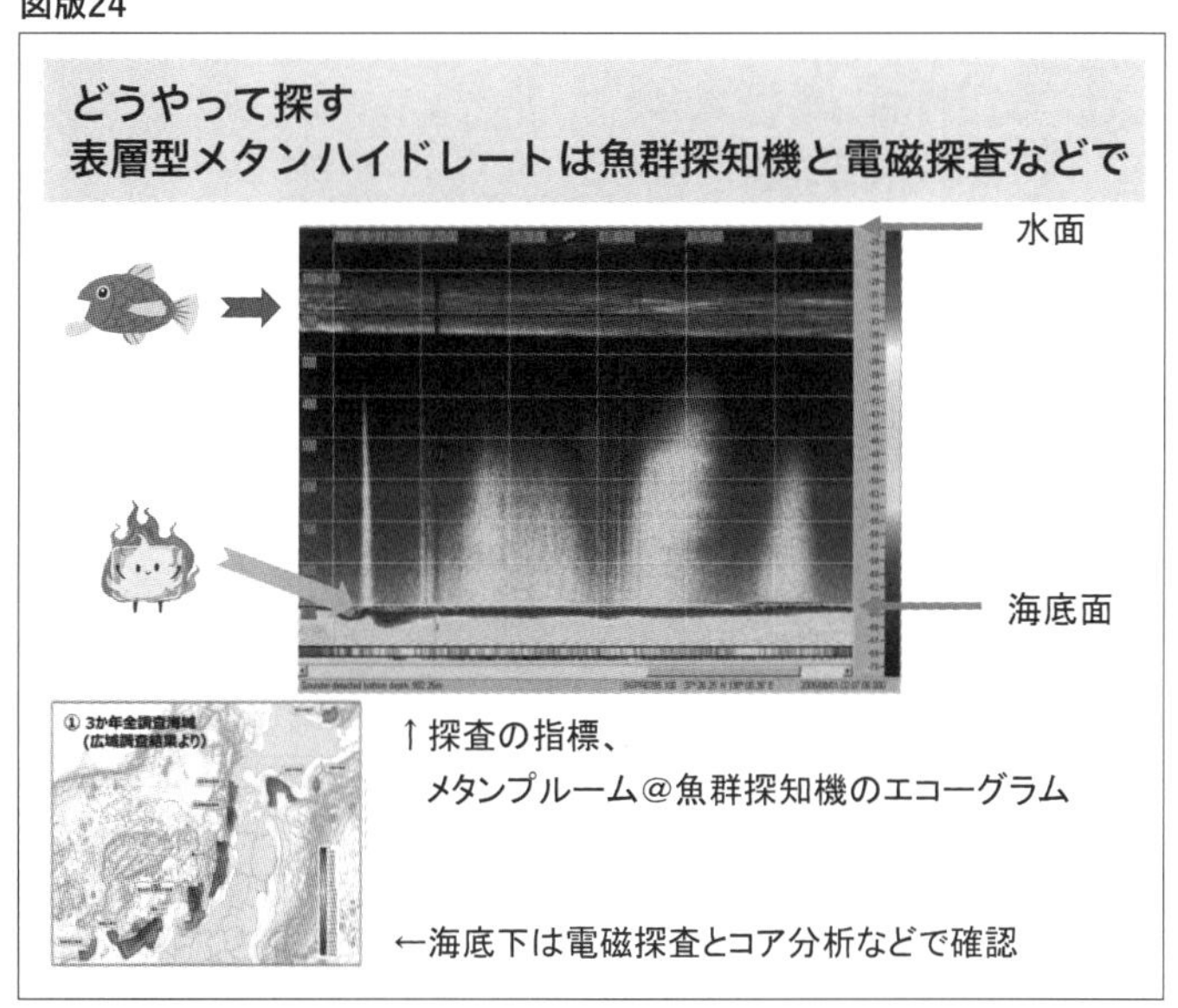

す。メタンプルームとは海底から湧出したメタンガスのバブル群がつくる柱状のガス上昇流ですね。それがひとつの探し方です。

メタンハイドレートが在ることがわかったら、海底より下の地層を調べます。その調査方法は電磁探査です。電磁探査とは、地層を構成する物質の比抵抗（単位断面積、単位長さあたりの電気抵抗の違い）に着目し、地下の構造や状態、地下資源の存在などを調査する探査法のひとつです。そのほか、直径が一〇センチくらいで長さが一〇メートルくらいのパイプを海底面にグサッと刺して、引き抜いて海底の堆積物を持ってきて調べたりもします。あとは、一〇〇メートルくら

図版24-1

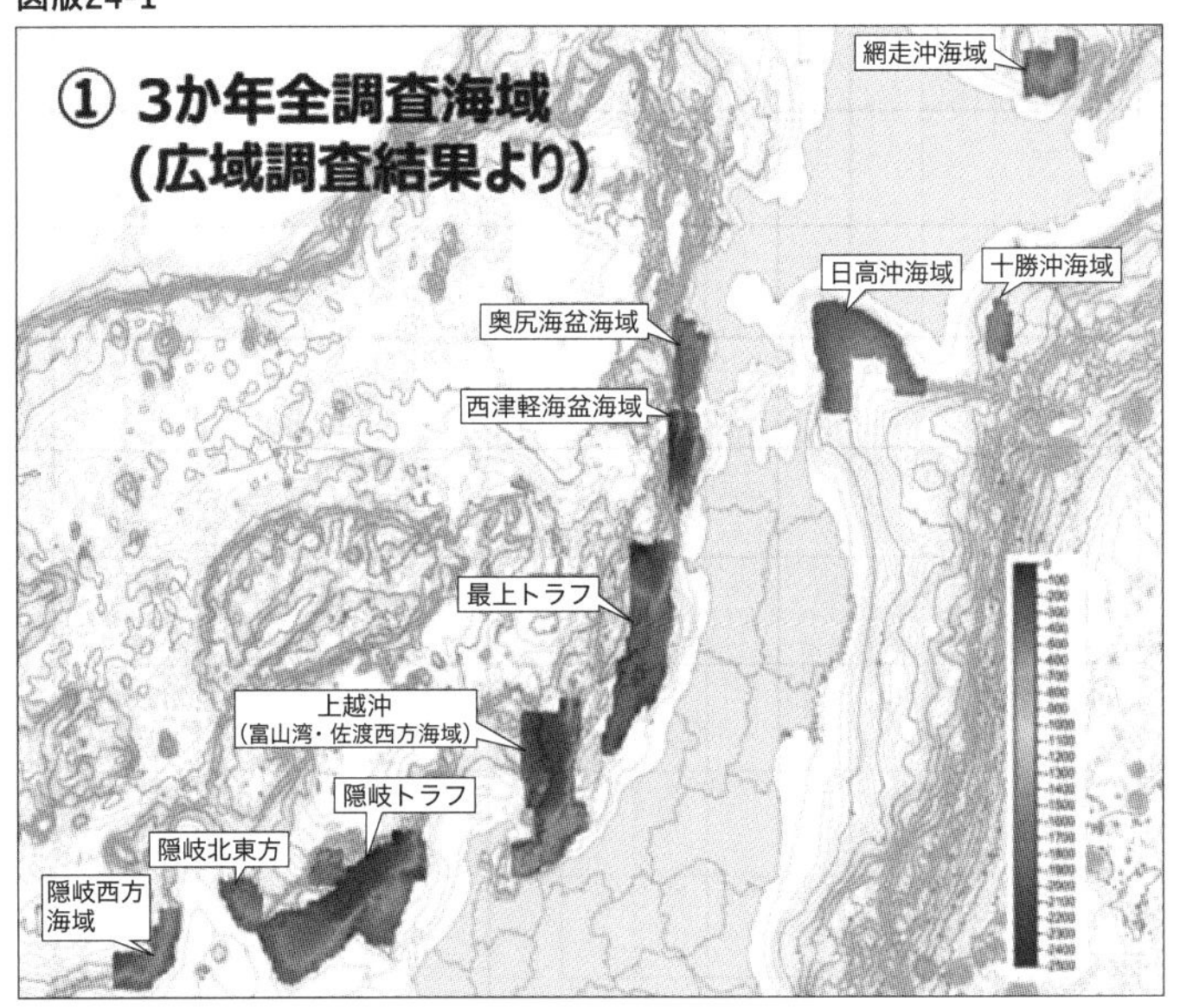

いのずっと長い管をグリグリ海底の下に刺していって、もっと下のほうにある海底の堆積物を調べる。そういう方法が採られています。

電磁探査では二〇一三年から二〇一五年までの三年間、図版24－1に示したエリアを調べることができ、ここに示した場所にメタンハイドレートがあることがわかっています。

あまりにも広範囲なエリアを船で観測した場合は、魚群探知機に映ったメタンプルームを目印にして探します。メタンプルームの根本の下にはメタンハイドレートが多くの場合、存在するからです。

砂層型メタンハイドレートの見つけ方

一方の砂層型メタンハイドレートは海底の下にあります。どこにあるのかをどうやって探すのでしょうか？

これは、先ほども話しました地震探査という方法で探します。反射法地震探査とは、人工震源を用いる地震波構造探査のひとつで、地下の様々な構造から反射してきた地震波、ほんとうの地震ではなくて、人工的に小さな地震の振動を起こして、そこから出る音波のことですね。その地震波を用いて、地下構造を断面図で捉える調査です。

マルチチャンネル反射法地震探査（ＭＣＳ：Multi-Channel Seismic survey）では、人工震源にエアガンを用います。エアガンで音波（＝地震波）を発震し、海底やその下の地層の境界面で反射して戻ってきた波を観測船から曳航しているストリーマーケーブルに入った多数の受振器（ハイドロフォン、水中で使うマイクロフォンのこと）で受振します。その記録を解析することによって、海底下の構造を断面図としてイメージングすることができます。実際に地震とわかるような揺れを起こすわけではなく、ごく小さな振動を起こして地震と同じような周波数の音波を送ります。音波は海底の下まで潜っていって、違う地層のところで反射して返ってくる。それをマイクロフォンで拾って解析するのです。巻頭PⅦのカラー図版⑥（図版25－1）に「ストリーマーケー

図版25

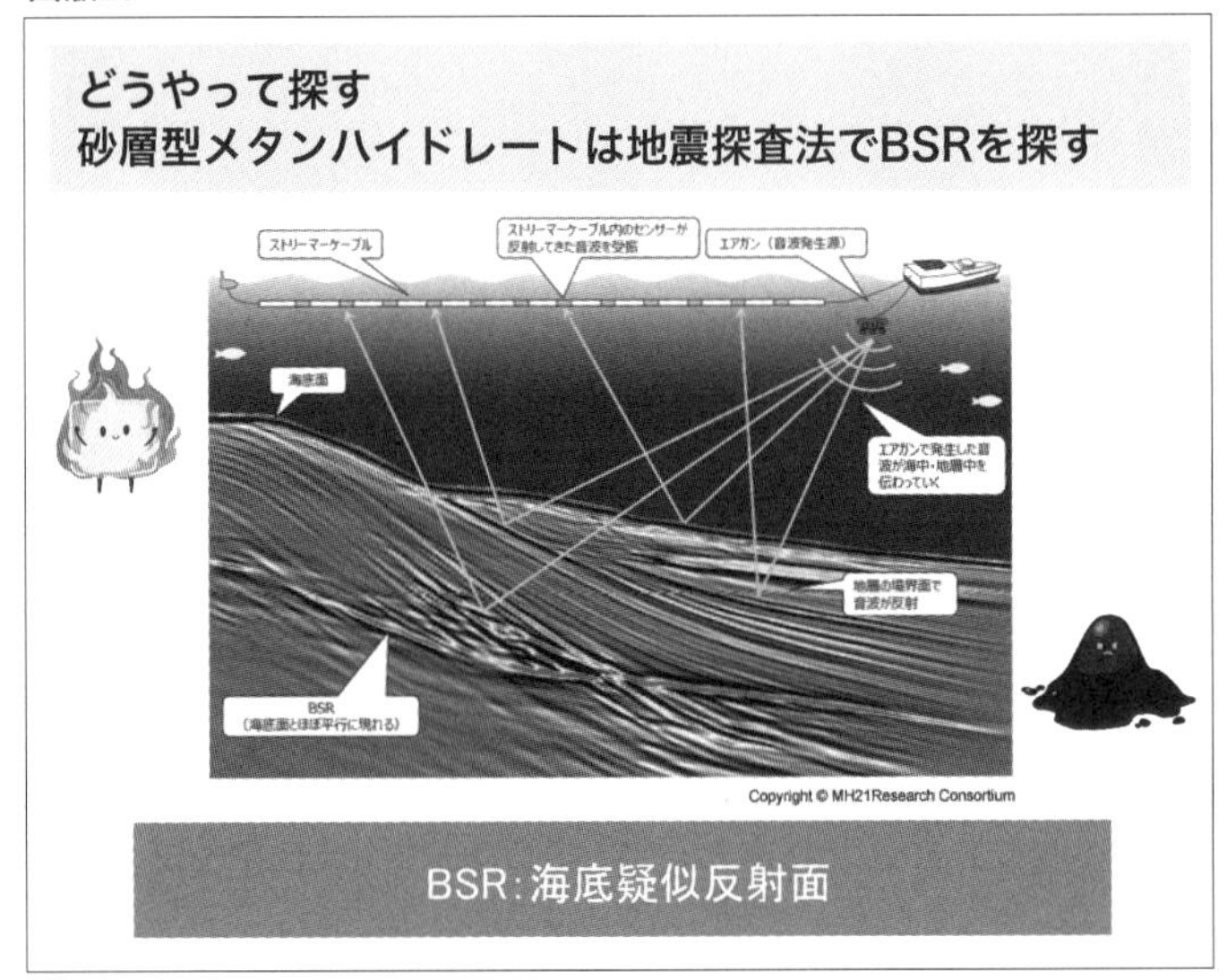

ブル」という専門用語を記していますが、これがじつは、マイクロフォンです。これを調査船の後ろにズラーっと長く伸ばします。一〇〇メートル程度の間隔で、何キロメートルも伸ばして航行します。

カラー図版⑥の海底面の下の部分を見てください。海のなかの地層がこんな風に表れてきます。シマシマのところはすべて泥質ですが、泥の質が違う堆積物の境界線が表れてきます。そのなかで、何か普通の境界線とは違うラインが、図版の下の線のようにはっきりと現れることがあります。これは海底面と並行して表れていますが、先にも触れました通り「ＢＳＲ」といいます。このＢＳＲの層は何かというと、この下にガスが沢山溜まっています。超音波はガスで物凄く反射します。ＢＳＲのラインの上側、そこには砂層型メタンハイドレートが沢山あります。つまりＢＳＲはその目印なのです。だから砂層型メタンハイドレートの見つけ方は、まずＢＳＲを探すことになります。そしてこれは、前に説明した地震探査で探すことができます。

メタンハイドレートをどうやって回収するのか

メタンハイドレートを探す方法は分かり始めました。すると、次はどうやって回収するかという課題が出てきます。

この回収方法の開発は、表層型メタンハイドレートについては、二〇一六年から始まっています。まだ始まったばかりです。いまフェーズ2というところまでいっています。図版26の見出しに記したように、開発期間は二〇二〇年度から二〇二三年度までの四年間です。ちょうどいま、この開発の真っただなかです。それで回収する方法ですが、つい最近、決まりました。

図版26に二種類の方法を並べましたが、ひとつが図版26左（図版26－1）の三井海洋開発（旧、三井造船）が推進している「大口径ドリルを用いた広範囲鉛直採掘方式」です。もうひとつが図版26右の三菱重工がやっていた方法で「吊り下げ式縦掘型掘削機方式」です。厳密な調査・

図版26

どうやって回収する　表層型メタンハイドレート
(産総研プロジェクト2020年度から2023年度)

採掘技術

吊り下げ式縦掘型掘削機方式

技術の概要

- 縦掘型掘削機でメタンハイドレートを掘削する手法。
- 掘削装置は、陸上土木工事の知見や経験から設計。また、掘削したメタンハイドレートを回収する浚渫（しゅんせつ）装置は、海底熱水鉱床パイロット試験の技術を応用。
- 縦掘型掘削機とし、掘削機の移動については吊り下げ式を採用している。軟弱地盤を考慮して機体沈下を防止できる構造とする予定。

縦掘型採掘機の3D図

吊り下げ式縦掘型掘削機方式は、他の海底鉱物資源でも研究されている方式でメタンハイドレートへの応用も期待される技術。吊り下げ式なので軟弱地盤における機体の沈下を防止できる

2020年から4年間で、上記2つの方式を開発し、より良い方式へ絞り込む

参考：産総研発表資料を一部加工

検証の結果、三井海洋開発が進めていた「大口径ドリルを用いた広範囲鉛直採掘方式」で進めることがほぼ決まりました。

この方法はゼロから開発したのではなく、すでに実績があります。これは二五年くらい前に、アフリカ大陸の西、地図で少し凹んだところですね、そこで、海のなかにあるダイヤモンド鉱床を発見しました。海のなかにダイヤモンドとは凄いですよね。水深は二〇〇メートルくらいで、そんなに深くありません。西アフリカの海底でこの方法によってダイヤモンドの鉱床を、二五年も継続して掘削しています。ご存じのようにダイヤモンドは硬いです。それを如何にして削るのかというと、大口径のドリルの歯です。写真を図版26－1に載せています。

このような実績があるのです。だから対象をダイヤモンドからメタンハイドレートに替えて、

図版26-1

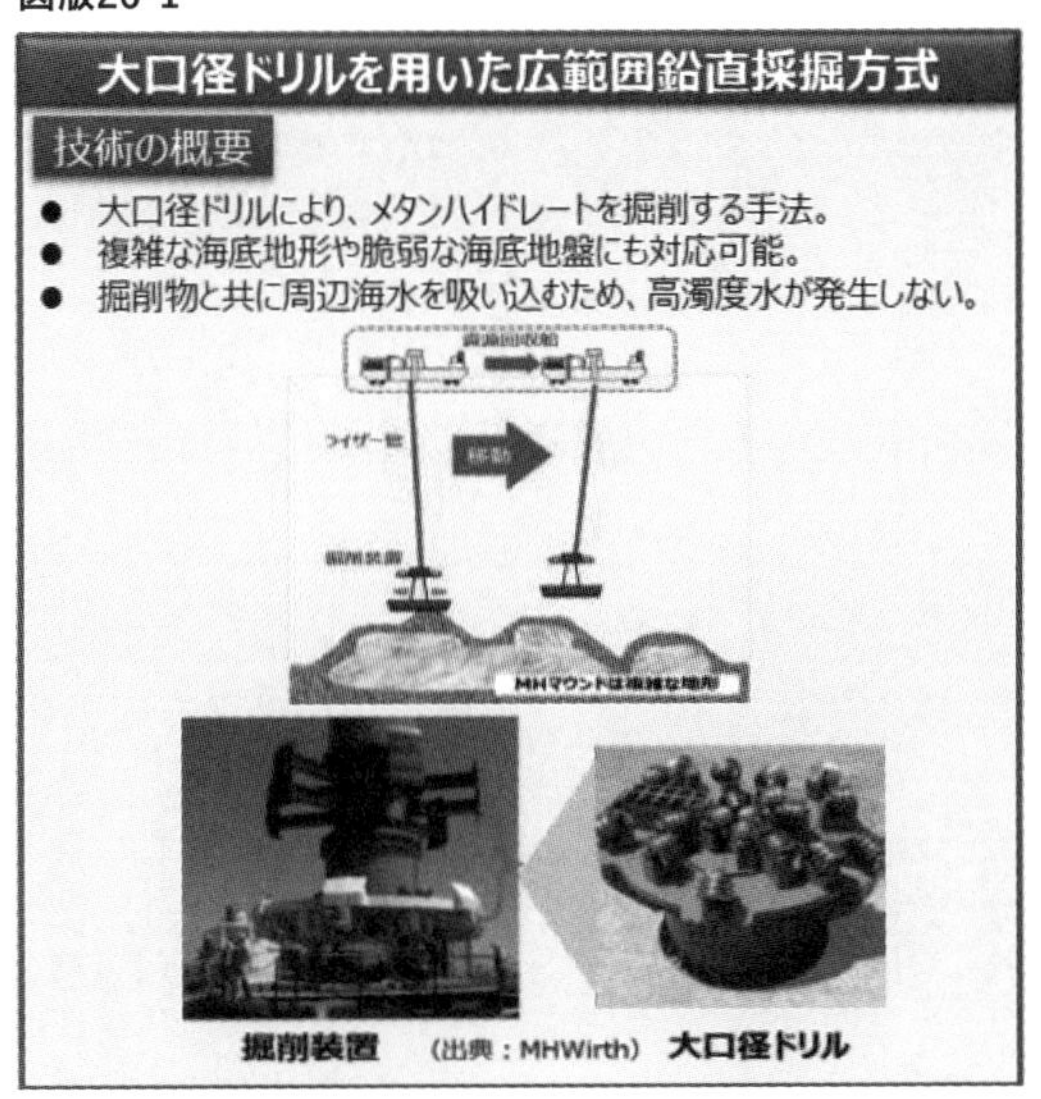

参考：産総研発表資料

この方法を基にしていま掘削法を開発しています。船の上からこの掘削する機械を降ろして、先端がガリガリ削ります。メタンハイドレートの周りの泥も、とにかく何でも一緒くたにガリガリ掘ります。掘ったものはすべてチューブで吸い上げてしまいます。吸い上げていると、先ほどメタンハイドレートの比重は〇・九位と説明しましたように、メタンハイドレートは自力でも浮上してきます。浮上してきたらガスだけ採取して、一緒に吸い上げた水や泥は外に出さないで、そのままチューブのなかを通して海底に戻すという方法です。泥を一旦船に上げてしまって、大気に晒したら、それはもう産業廃棄物になってしまうそうです。そうなると、その泥はそのまま海に戻してはいけません。陸地まで持ってきて、そこで処理しなければならないという、エラく大変なことになってしまうので、なんとか大気に触れさせることなく、下から採ってきたものをそのままチューブで戻していくという方法をとっています。

砂層型メタンハイドレートは減圧法で回収

砂層型メタンハイドレートは、ずいぶん前に「減圧法」という方法で採るということが決まっています。いまは実証試験をしている情況です。

何年か前、図版23のＢＳＲ分布の日本地図で「三重県の東側、和歌山県の東側」と説明した熊野灘のあたりで、実証試験をやったことがあります。しかしながら、色々改良しなければならない点が出てきたため、現在はアラスカの陸上で実証試験をやっています。

どういう方法かと言うと、天然ガスや石油を採る方法の応用です。図版27の右にあるお化けのようなイラストは石油のイメージです。天然ガスも同じですが、岩盤と岩盤の間というか、密閉された空間のなかに物凄い高圧で閉じ込められています。そのため、その岩盤を上から削っていって、穴を開けたら、ビューっとそこから噴き出してきます。これを「自噴」といいます。天然ガスも石油も流体（液体や気体）で、動きやすい。それゆえ、岩盤に穴さえ開ければ、ビューっと上がってきてくれます。

図版27右で海面に浮いているのはプラットフォームや船ですが、自噴する石油やガ

図版27

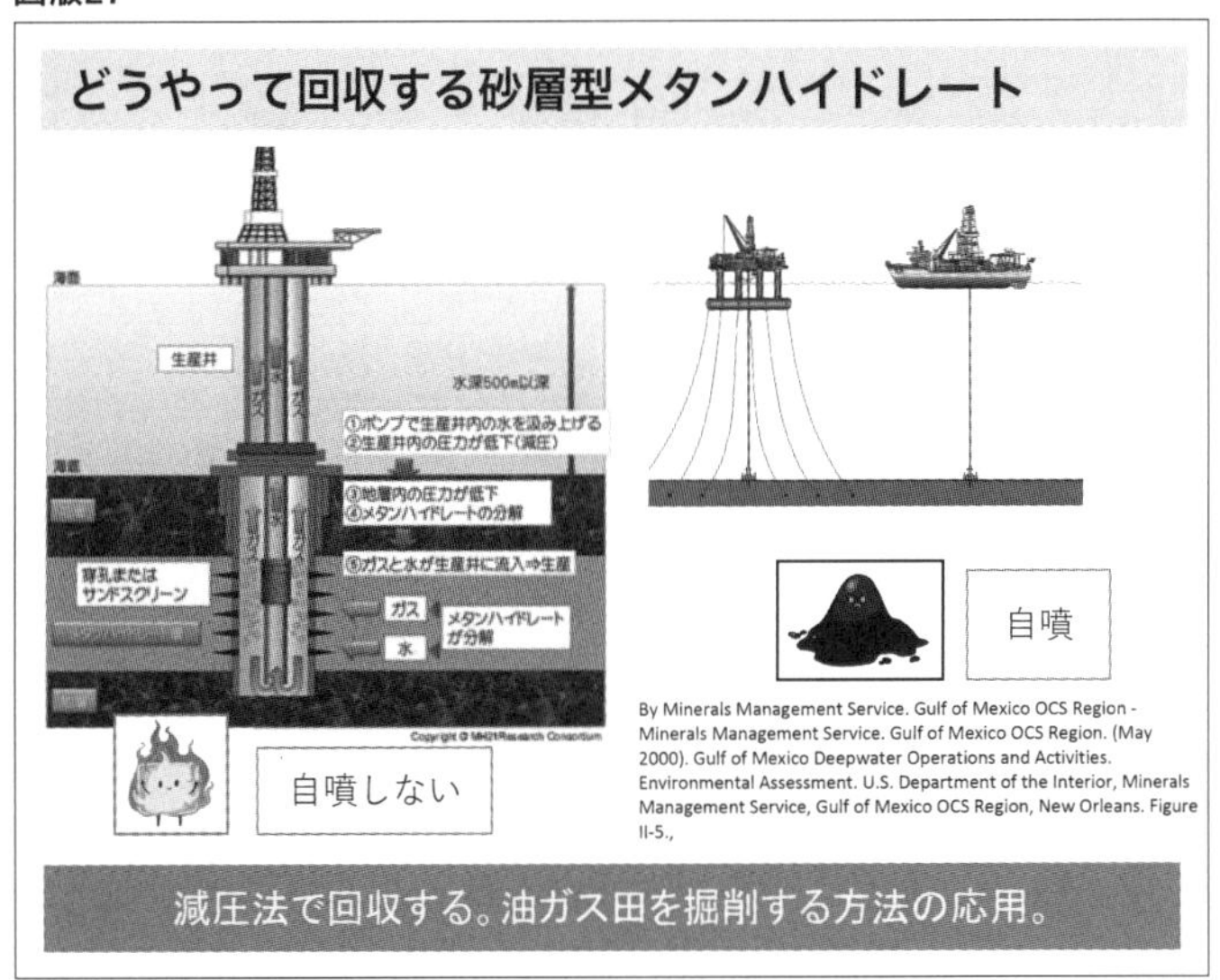

スはそこまで上がってきます。でも残念ながら、砂層型メタンハイドレートは、そのままではいつも固体です。岩盤に穴を開けても自噴しません。ではどうやってこの方法を応用させるか……固体から液体とか気体にするしかないよねということです。それで減圧法を活用します。

先ほど説明した、メタンハイドレート安定領域曲線を思い出してください――グラフですね。縦軸が水深、横軸が水温で、右下がりになっている安定領域曲線です。そこで圧力を減らすということは、少し海面方向に上げるということです。そうして安定領域曲線を超えたら、固体が液体と気体に分かれます。その方法を使います。

減圧のイメージは、巻頭PⅧのカラー図版⑦（図版27―1）で説明します。「生産井（せいさんせい）」を海底に突き刺して、メタンハイドレートのある層まで到達させます。それで、ストローでファストフード店で売っているシェイクを吸うような感じで、強い吸引力をかけて生産井のなかの圧力を下げます。これを減圧法といいます。これでガスも水も泥もすべて吸い上げてしまいます。先ほどこの方法には少し問題があって、アラスカで実験を重ねて改良していますとお話ししました。生産井の下部には小さな穴が開いているのですが、じつは吸いすぎるとそこに砂が詰まってしまうのです。それをどうしても避けられなかったため、いま改良をしています。二〇二一年一二月、にっぽん丸に乗船する前の報告では、どうやら上手くいったらしいです。来年（二〇二三年）は、いよいよ海のなかで実験をやるようです。ということで、こちらの掘削開発もまもなく上手くいくと期待しています。

では、もう時間になってしまいました。今日も積み残しになってしまいました。まとめも全部終わりませんでしたけど、次回にします。

次回はちょっとマダガスカルのお話をしたいと思っています。なぜかというと、マダガスカルに行く前の講演は次回が最後なのです。そのあとの回は、もうマダガスカルのあとなので、次回で是非お話ししたいと思います。

第三回

マダガスカルと南極は陸続き⁉

二〇二三年一月二日

皆さんこんにちは。今年になって初めてお目にかかる人もいらっしゃると思いますので、「あけましておめでとうございます　ことしもどうぞよろしくお願いします」と申しあげます。では、始めていきます。

今日の題目は「マダガスカルと南極は陸続き」ということです。

ウェゲナーの大陸移動説とは

まずは大陸移動説ついて話をします。私が高校の地学の授業で、そもそも大陸移動説を自分で確かめたいと思ったのが、こういう道に入ったきっかけだというお話を第一回講演のときにしました。いま皆さんが向かっているマダガスカル島、現代では暖かい気候です。そのマダガスカルと南極大陸。いまは寒い南極なのに、マダガスカルと同じ動物の化石が発掘されます。なんででしょう？　その疑問を解決するには、マダガスカルと南極が昔、地続きだったからと考えるのがごく自然ということになるのです。

これを提唱したのが、アルフレッド・ウェゲナーです。この大陸移動説をもう一〇〇年くらい前の一九一二年に発表しました。講談社にブルーバックスという科学系の新書シリーズがありますが、そこにウェゲナーが書いた『大陸と海洋の起源』（竹内均訳）が収録されています。興味ある方は読んでいただくといいと思います。

初めてこの大陸移動説を聞いたころ、図版28右の地図の左下に記したリストロサウルスという古生物がいたことを知りました。大きさは大きな犬や小さいカバくらいで、骨格の写真を見たら「ちょっと可愛らしい」と思って、大好きになりました。予想復元図を見ると、意外と顔が可愛くなかったのですが、草食の、適応力の高い古生物です。

右の地図の上のほうにある、この小恐竜の分布を見てください。アフリカ大陸、これからみんなが行くマダガスカル島、インド亜大陸、インドはこの図では独立してますが、このあとグインっとユーラシア大陸にぶつかっていきます。そして中央の下が南極大陸です。リストロサウルスは、この

図版28

マダガスカルと南極は陸続き!? 大陸移動説

- 高校の地学の授業で･･･
- 大陸移動説、プレートテクトニクスの話を地学の先生から聞いた
- 今は暖かいマダガスカル島と寒い南極で、同じ恐竜の化石が発掘される
- なぜ？
- それは昔々はマダガスカル島と南極は地続きだったから（下図）
- NHK動画（1分）
  https://www2.nhk.or.jp/school/movie/clip.cgi?das_id=D0005400838_00000

アルフレッドウェゲナーが1912年に大陸移動説を発表しました。ウェゲナーには『大陸と海洋の起源』という本を書いています。講談社のブルーバックスにあります。

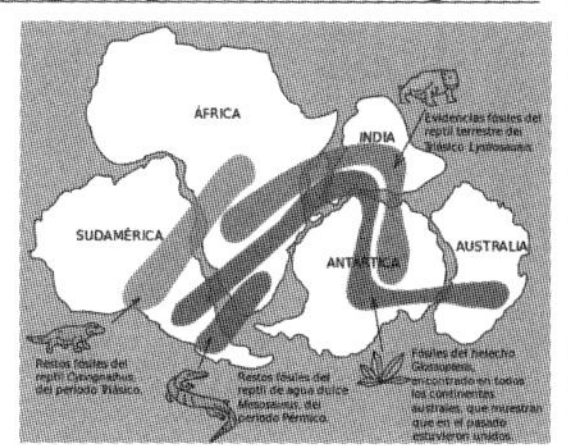

出典：福井県立恐竜博物館、アメリカ地質調査所（USGS）

あたり、アフリカ大陸南部からマダガスカル島、そしてインド亜大陸中部から南極大陸にかけて分布していたことになります。

アフリカ大陸やユーラシア大陸など、地球上の陸地はいくつかの大陸に分かれています。しかし、二億五〇〇〇万年前まで時代を遡ると、「パンゲア」というひとつの大陸だったと言われてます。大陸は長い時間をかけて移動しているのです。

さて、皆さんはこれからマダガスカル島に行って上陸します。「元は南極と陸続きだったんだな～」なんて思いながら上陸していただけたらと思います。

プレートテクトニクス――プレートは動く

「ユーラシア・プレート」という言葉を聞いたことがあると思います。それから先ほど、独立していたインドがユーラシア大陸をグイグイ押しているという話をしました。図版29-1が地球全体のプレートです。こんなに沢山(たくさん)あります。地球は全部で十数枚のプレートに分かれています。私たちがにっぽん丸に乗って出航した日本から、石垣島、シンガポール、マラッカ海峡、スリランカの南側を通って、たぶんいまはインド沖です。つまり最初に出航したときは、ユーラシア・プレートの上の海を行って、その後フィリピン海・プレートの上を通り、またユーラシア・プレートの上を行き、マラッカ海峡を越えて、インド・プレートに入り、多分間もなくアフリカ・プレートに入ります。オーストラリア・プレート、ちょっとこれは微妙ですが、そこにも入っています。とりあえずにっぽん丸で私たちは少なくとも四つのプレートは通ったということになります。

この地球の表面はこんなに固い大陸なのに、じつはちょびっとずつ動いてるのです。それは、地球のなかがまだ流動的だからです。まだ熱い。熱いところの上である表面は、もう固まってるから、それがゆっくり移動しているというわけです。

例えば、ハワイが乗っかってる太平洋・プレートは、日本のほうに近づいて来ています。どのくらい近づいて来ているかと言うと、一年間にだいたい八セン

図版29

出典：広島大学「Plate tectonics and mantle convection」を加工、気象庁、九州大学総合研究博物館、JAMSTEC

図版29-1

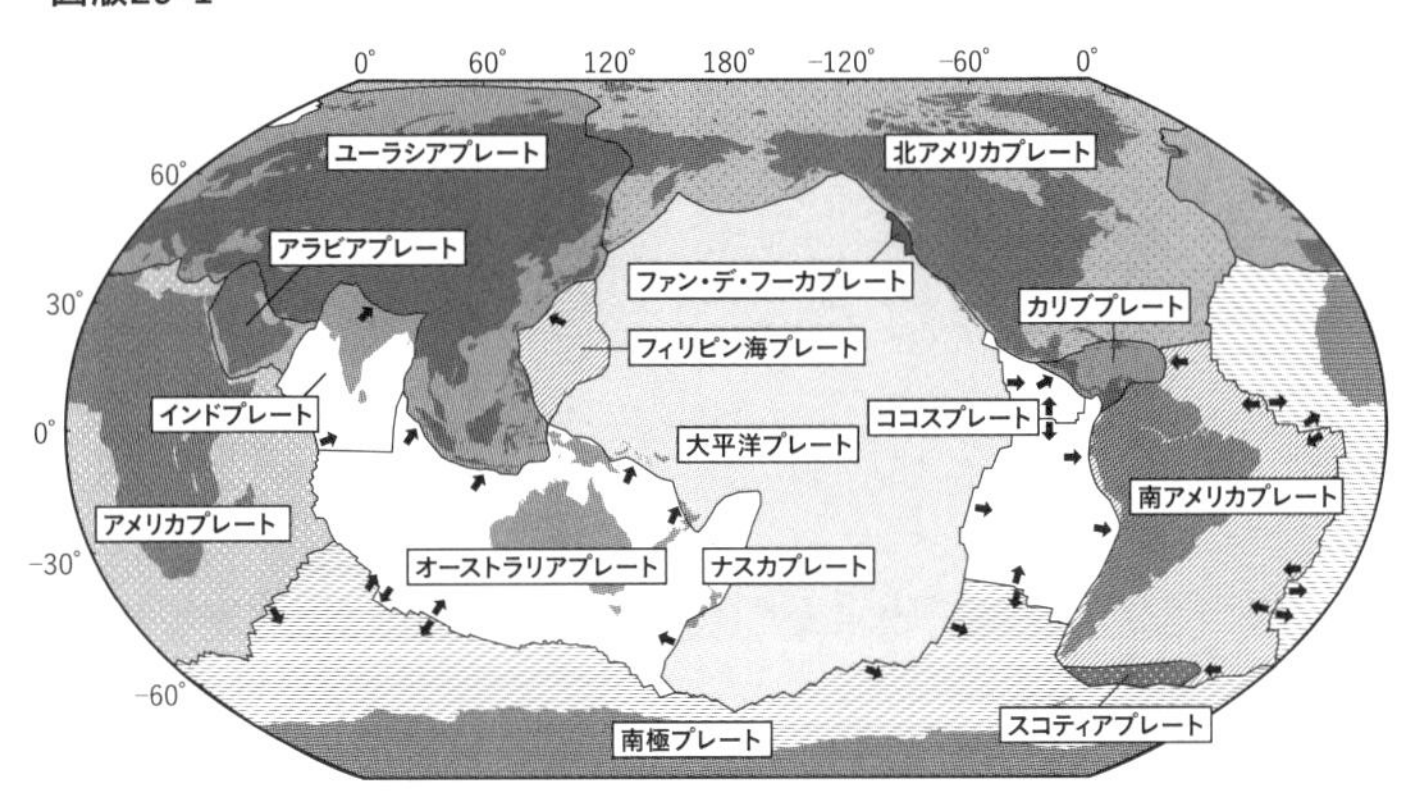

図版29-2

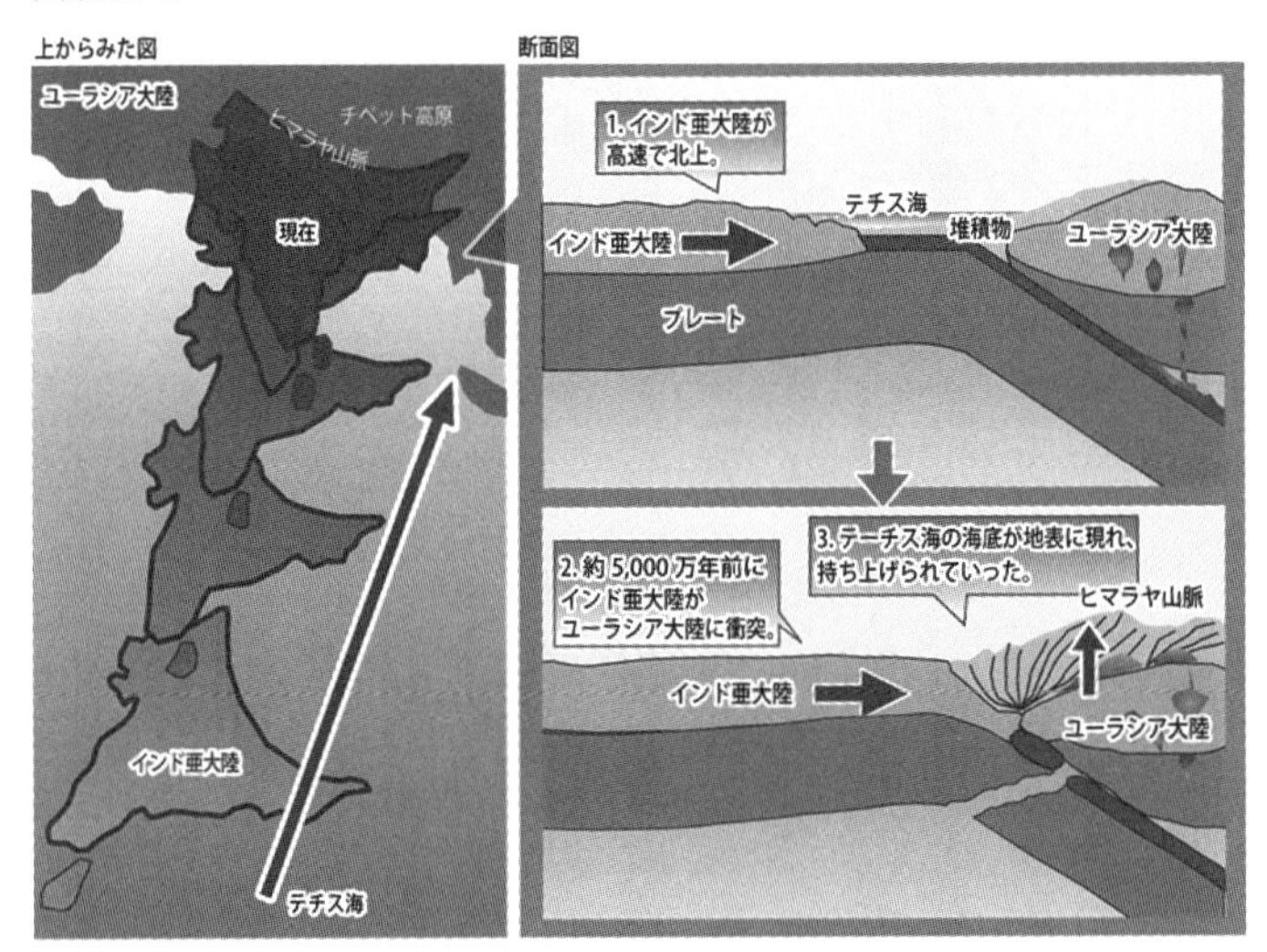

インド大陸の北上

2000万年間隔でインド亜大陸の北上を再現したもの

チメートルくらいです。ハワイから日本までの距離が約六六〇〇キロメートルです。単純に一年八センチメートルで割り算をすると、だいたい八〇〇〇万年くらい経ったら、ハワイは日本の隣に来ます。そのころまで誰も生きていないですが、そんな感じで動いているのです。

図版29-2の三つの図はインドのプレートに関する説明です。インドのプレートはずっと北上していて、ユーラシア・プレートにガツンとぶつかったあともなお、ズンズンと北のほうに行っています。下のふたつの図はその動きを縦に切ったものです。インドが乗ってるプレートがユーラシア大陸の下に沈み込んでいます。ユーラシア大陸とインド亜大陸のあいだに海があったことになります。テチス海といいます。だからあいだだったところには海底で死んだ貝殻など、色々なものが堆積しています。それごとズンズン押していって、一番下の図は「現在」と示してありますが、インド亜大陸がズーっと押しているからヒマラヤ山脈が出来ているのです。インド・プレートの北端のラインはちょうどヒマラヤ山脈が連なっているラインです。それを証明するものがあります。それはエベレストです。標高は九〇〇〇メートル近い。そのうえこの山、なんと毎年少しずつ、五ミリメートル程度、高くなっています。

何万年も経つと、エベレストはあまりにも高くなって、ポキッと折れるらしいです。そんなエベレストの九〇〇〇メートル近いところから、なんとアンモナイト——古生代や中生代に生きていた貝——の貝殻の化石が出るのです。こんな高い所が海だったわけではなく、昔は海だったところが、グイグイ押されてこんな高所になってしまったのです。その証拠になります。

世界各地にあるメタンハイドレート

図版30はちょっと古い、二〇年くらい前のデータを使っています。メタンハイドレートのお話を第二回講演でしたときにお見せしました。（巻頭PⅦのカラー図版⑤〔図版23－2〕）世界でメタンハイドレートのある地域に丸い印が付いています。四角い印は地上です。だから寒いところにしかありません。地上のほうはとりあえず置いておいて、丸のほうについてお話をします。

まずここ日本は、列島が見えないくらい、周囲の海に沢山、〇印がありますと、第二回講演で言いました。ここから私たちはにっぽん丸に乗って、まず沖縄です。じつは沖縄周辺にもメタンハイドレートは沢山ありますからそこを通り、その後、台湾です。台湾と中国本土のちょうど中間あたりもメタンハイドレートが沢山あります。そのため、長期に亘って台湾が調べていたにも拘わらず、中国本土が権利を主張しています。そこまで大陸棚が続いているから中国のものだと言っていて、政治的にちょっと微妙なところになっていますが、台湾の研究者が一生懸命研究をしているところです。

それからシンガポールを通過しました。マラッカ海峡を通って、出たところにもメタンハイドレートが沢山埋まっています。ちょうどここをにっぽん丸が通過したとき、じつは皆さんにお知らせしたかったのです。よく操舵室から「イルカがいまーす」とか「鯨がいまーす」とか案内があるので、「この下にメタンハイドレートがありまーす」とやりたかったのです。でも、船から見たら普通の海で、メタンハイドレートがあるかもわからないので意味がないと思って諦めました。ただその海底の下にメタンハイドレートが沢山埋まっていて、多分そこからメタンプルーム、海底面からプクプクと沢山メタンの泡が出ています。そういうのが絶対あるところの上を通ったのです、皆さん。

図版30

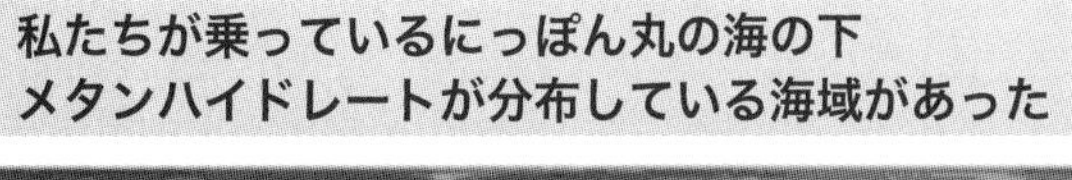

MH21より

台湾の南あたり
マラッカ海峡を北上してインド洋へ出たあたり
インド洋ベンガル湾スリランカあたり

メタンハイドレート開発の最先端国は？

マラッカ海峡から暫く行きまして、スリランカのあたりです。ベンガル湾にも、メタンハイドレートが沢山埋まっています。じつはここのメタンハイドレートで、日本の回収や調査の技術が世界一であることを証明できたのです。どういうことかと言うと、インド政府は自国の東側にも西側にも、メタンハイドレートが沢山在るのがわかったから、自分たちも調査、回収してエネルギー資源として使おうと思ったのですが、自分の国にはそういう技術がない。では、世界の助けを借りようと思って、公募しました。自分たちと共同で研究し、メタンハイドレートがどのくらいあるかを調べてから、それに合った回収技術を開発したいと。

全世界から入札に応募がありました。結果、勝ったのが日本です。つまり、日本がメタンハイドレートの調査技術や回収技術では、リーディング・カントリーだということが証明されたわけです。かなり喜ばしいことなのに、新聞では五、六行くらいのベタ記事で、日本が入札で落札しましたくらいにしか書いていませんでした。これは、エネルギー資源がないとずっと信じ込まされてきた私たちにとって、凄く明るいニュースじゃないですか。だから一面のトップに書いてもいいくらいなことだと私は思います。それを是非、記者さんたちも勉強してもらって、そのあたりの雰囲気を理解していただきたいと思います。

魚群探知機というスグレモノ

ここからは、メタンプルームや魚群探知機（魚探）を使って調べる方法についてお話ししていきます。私が実際にやっている「メタンハイドレートを見つける方法」ですね。

まず、皆さんも船に乗ってわかると思うのですが、海は広いです。どこを調査して良いか。闇雲にやっても、効率が良くないです。それでどうやって調べるかと言うと、図版31の二番目に書きました。「海底地質図、海底地形図、目撃情報などから観測範囲を決める。」です。

海底地質図というのは、すでに大体がわかっています。前に述べました「地震探査」という方法で、海底面より下の地層について随分調べられていて、そのデータが残っています。

海底地形図も同様です。観測機器は古いけれど、意外と昔から海底の地形も調べられています。

あと大事なのは目撃情報です。例えば、第一回講演でも話しましたが、私が初めてメタンプルームと出合ったのは、沈んだナホトカ号の調査のあと、島根県の隠岐（おき）近辺を通過したときです。隠岐の東側のエリアです。メタンハイドレートがある目印となるBSRが分布しています。

これも「隠岐の東側を通りかかったとき、魚探でメタンプルームを見た」という目撃情報の一種になります。あとは漁師さんからの情報。これも大事です。漁師さんは、毎日のように漁に出ています。その行き帰りも魚探をつけて走ると、「たまに魚探に、海底から何か出ているのが映っている」のを目撃したという情報もあります。これがじつはメタンプルームなんです。

そういう情報をすべて集めて「ではここが一番見つけやすそうだから」とエリアを決めて、調査に行きます。

私たちは、私の目撃情報と漁師さんの目撃情報を合わせて、佐渡島の西、能登半島とのちょうど中間くらいのところ、経度で言うと、一三八度のあたり。ここのエリアの調査に行きました。

では、調査に行って、どうやって魚群探知機で見るのでしょうか。

まず、測線というものを計画します。図版31－1を見てください。南北、東西と等間隔でラインを決めて——このラインが測

図版31

魚群探知機を使ったメタンプルーム・メタンハイドレート探査
探査の方法を知りたい

- 超音波は音響インピーダンス（ρc）の異なる境界線で反射する。
- 海底地質図、海底地形図、目撃情報などから観測範囲を決める。
- 測線を計画する。
- 測線上を4ktで航走する。
- 計量魚群探知機を作動させてデータを取りながら進む。
- メタンプルームを探し、見つけたら位置（緯度・経度）情報や反射の強さを確認する。

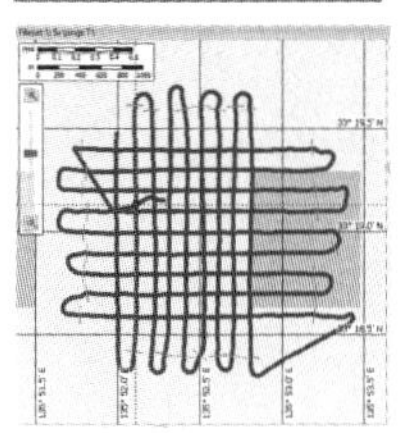

線です——その上を走ります。この図はその上を走った調査船の航跡です。

膨大な時間がかかりますが、こうやって調査をします。測線上を四ノットで、と言ってもちょっと感覚がわからないと思います。凄く遅いので、調査船は見た目停まっています。いま、にっぽん丸は、だいたい一八ノットとか二〇ノットで航行しています。このくらいの速度だと波がサーっと、走っている感じが伝わると思いますが、四ノットは本当にゆっくりです。海底の下の情報を逃すことなく得たいので、この超遅い速さをキープします。

図版31-1

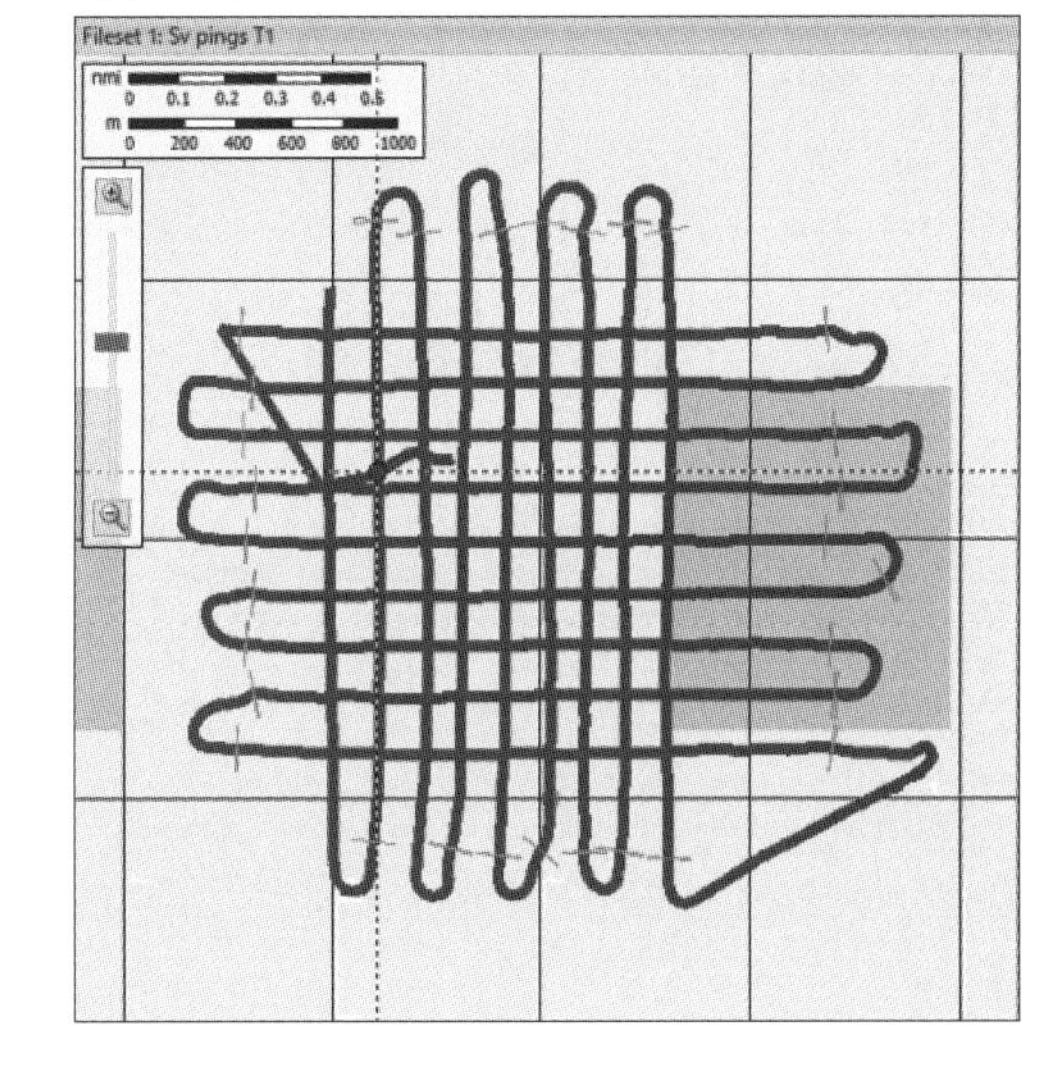

そして魚探を動かしながら走ります。そして、魚探のモニターにメタンプルームが映ったら、そのプルームの位置は緯度と経度で記録します。その情報と、あとは魚探だから、反射の強弱もわかります。そういう情報もメモしておきます。そうやってデータをドンドン収集していくのです。私たちの使うのは計量魚群探知機という強化版です。

魚群探知機に出るエコーグラムの見方

巻頭カラー図版①（Ⅴ頁）は計量魚探の画面です。この画面のことを「エコーグラム」といいます。まず、縦軸の深さ方向に注目します。下のほうが深くなります。このエコーグラムの深度表示は、ひとつの線が一〇〇メートル間隔です。一番上が水面で、海底が下のほうの太い曲線です。このモニターの場合、水面から海底まで九〇〇メートルの深さがあります。

あと色の違い。色の違いは対象物に超音波が当たって戻って来るその度合いを表しています。固い物だと物凄い勢いで沢山戻ってきます。軟らかい物だと、超音波の一部がどこか違うところに行ってしまったり、もっと下に潜っていったりするので、あまり戻ってきません。戻る強さが高いほうが、右縦軸の反射の強さ（ｄＢ）のラインの上のほう、即ち赤い色となり、弱いほうが深い藍色になります。

ここで見ると、海底はかなり反射が強いです。これはあとからわかったのですが、こういうところにはメタンハイドレートが沢山あります。メタンハイドレートは氷と同じでかなり硬い。そのため反射の度合いが強いということがわかります。

あと、この水深が二五〇メートルのあたりまで、横に帯状に広がっているモノがあります。これは魚群やプランクトンなど、生物です。なぜこのあたりにいるかというと、このあたりまでは光が届きます。あと海水も温かいのです。この下は急に冷たくなり、光も届かなくなります。そのため、普通の生物はだいたいこのあたりにいます。

それから、横軸は何を表してるんだろうと思いますよね。これは経過時間を表しています。左側が古い情報、右側が新しい情報。一番新しいのは右端です。

ここに出ているのは、うちの大学の船・海鷹丸が走る、その後ろの海面下の情報です。その情報を皆さんは、遠くから眺めているという感じです。なんとなくイメージ摑めましたか?実際に魚群探知機で超音波を出しながら走っていると、いつもこの画面は右端に新しい情報が増えていくから、全体に左側にずれていきます。

エコーグラムに出る情報

図版32は実際の魚群探知機のエコーグラムです。右上の写真は、東京海洋大学の神鷹丸といいます。大学では二番目に大きい船です。この船には計量魚群探知機が付いています。巻頭PⅧのカラー図版⑧〔図版32-1〕はそのエコーグラムです。

まず、左上にES38Bとありますが、これはこの計量魚探の発信している音波は周波数三八キロヘルツですよということです。あとそのすぐ下の囲みに、Depth 950.5mと表示されていますが、これは、いま現在——エコーグラムでいうと右下、即ち最新の位置——の水深が九五〇・五メートルですということです。それから、エコーグラムの上の真ん中の数字ですが、上の段が緯度、下の段が経度です。これは、いまのここの位置――エコーグラムでいうと右下、即ち最新の位置――を表しています。そのすぐ右にHdg（ヘディング）０５５という表示がありますが、これは船の針路です。０５５は五五度のことで、北東（四五度）より少し東寄りに向かって走ってますよということを表しています。そのすぐ右隣りのSpd（スピード）４・２ktsは、現在四・二ノットの速度で航行していますということです。

先に触れたように、最新の情報はエコーグラム上では右端に表示されます。いま自分はここにいるということです。船が動きますと、この画面全体が左に動きます。そのうち、メタンプルームが見えてきます。

調査中、エコーグラムはだいたいこんな感

図版32

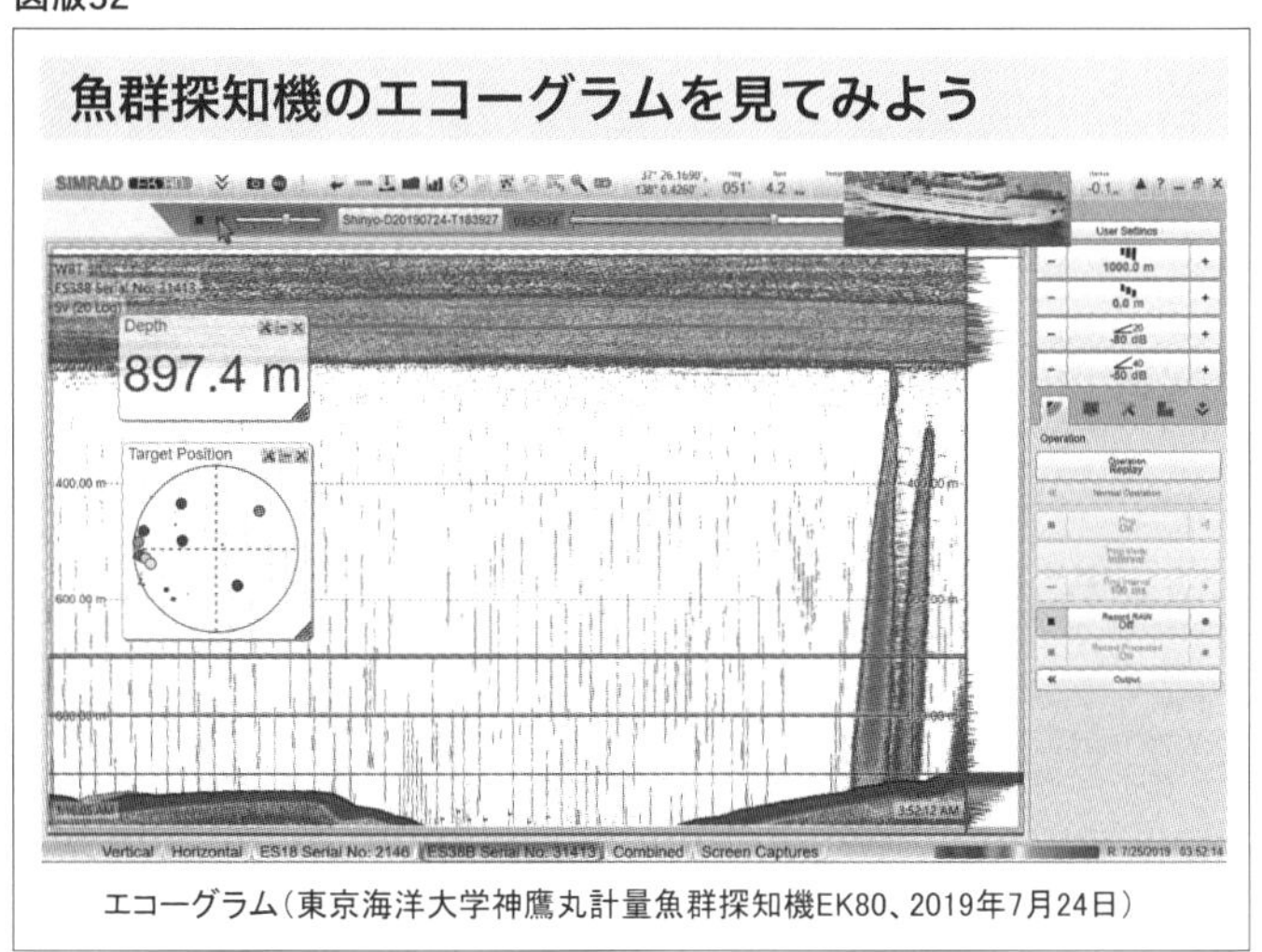

エコーグラム（東京海洋大学神鷹丸計量魚群探知機EK80、2019年7月24日）

じで、海底面は見えますが何も兆候がなく、上層に魚がたくさんいる。そんな感じの画面がずっと続きます。右端に縦に伸びた白い帯のような箇所がありますが、この幅が一回一回、音波を送信して、戻ってきたときの大きさになります。ここにもしメタンプルームが現れると、この幅のところに大きく反応が出ます。実際にそれを見たら、思わず声が出てしまいます。実際のエコーグラムの様子は下の二次元コードを読み取って見ていただけます。

計量魚群探知機では海底の地形もわかります。メタンプルームは意外に少し高いところの、結構デコボコした箇所から出ているということがわかります。

メタンプルームはなぜ途中で消える

メタンプルームの正体は何かと言うと、この海底面からブクブク出ているメタンハイドレートの粒々の集まりです。粒々の集まりがブワ~っと出ているのです。

メタンプルームはズーっと出てるのに、なぜ海面まで行かずに途中で止まっているのだろう？　と疑問に思いませんか？

私も長年これを見ていて「ズーっと出ていたらズーっと出つづけないとおかしい。どうして途中で消えているのだろう？」と思っていました。

実際はなくなっているわけではありません。先述しましたが、計量魚群探知機から発信される超音波は周りの海水と密度と音速が違うところで反射して戻ってきます。だから、メタンハイドレートの粒々とか、それからあとでお話ししますけれど熱水とか、そういうものだと海水と密度が違うから、超音波が反射して戻ってきて、画面上こういう形で見えるというわけです。海底もそうです。海水と密度が全然、違うから超音波が大きく反射して戻ってきます。

大体水深三〇〇メートルあたりまでメタンプルームが上がってくると、なくなっているように見えます。じつは

図版33

メタンプルームも資源として考える

事例1：わが国のプルーム事例（@太平洋側と@日本海の浅海域、データ解析青山）

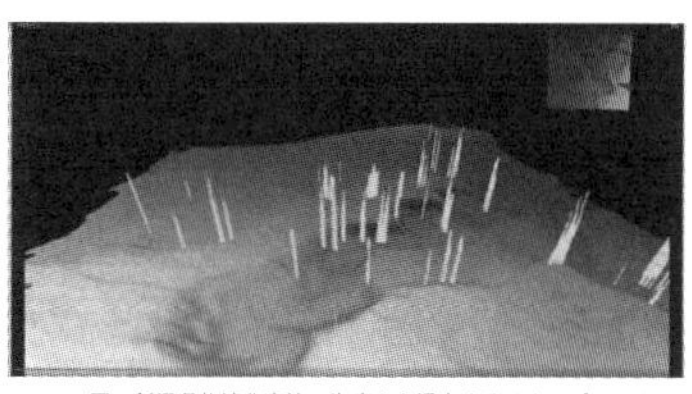

図　新潟県佐渡北東沖の海底から湧出するメタンプルーム
位置は日本地図の赤い星のところ

- ↑上図は新潟県の佐渡北東沖（日本地図の赤★のところ）、水深140mくらいから400mくらいまでの海底から湧出しているメタンプルームです。全部で37本観測されました。MH安定領域の浅海限界点を超えているので海底直下にはメタンハイドレートはありません。
- ←左図は太平洋側の和歌山県の潮岬沖（日本地図の黄★のところ）から湧出するメタンプルームです。水深はおよそ1700m。海底下にMHがあるかどうかは調査をしていないのでまだわかりません。なぜ調査していないかというと、この海域は船舶の輻輳度が高いためです。日本地図を見てわかるようにBSRの存在が認められる海域なので、砂層型メタンハイドレートが存在するかもしれません。

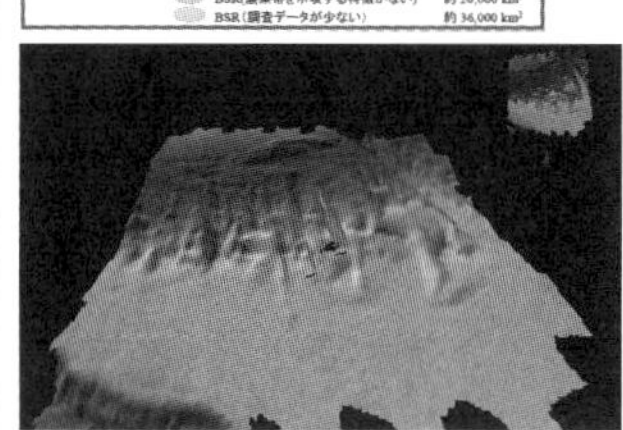

図　和歌山県潮岬沖から湧出するメタンプルーム
位置は日本地図の黄色い星のところ

なくなっているわけではなく、海水にメタンが溶けてしまっているのです。だから、もう超音波は反射してきません。エコーグラム上（画面上）は消えてなくなっているように見えますが、なくなってはいない。溶けているのです。

　ということは、その三〇〇メートル上は大気です。メタンが大気に出ている可能性があります。


　BSRが分布しているエリアを色々調査したら、メタンプルームがあちこちに出ていることがわかりました。

　図版33左下の画像は和歌山県潮岬の沖で、右上の画像は新潟県佐渡の北東沖です。両方とも海底面からメタンプ

図版34

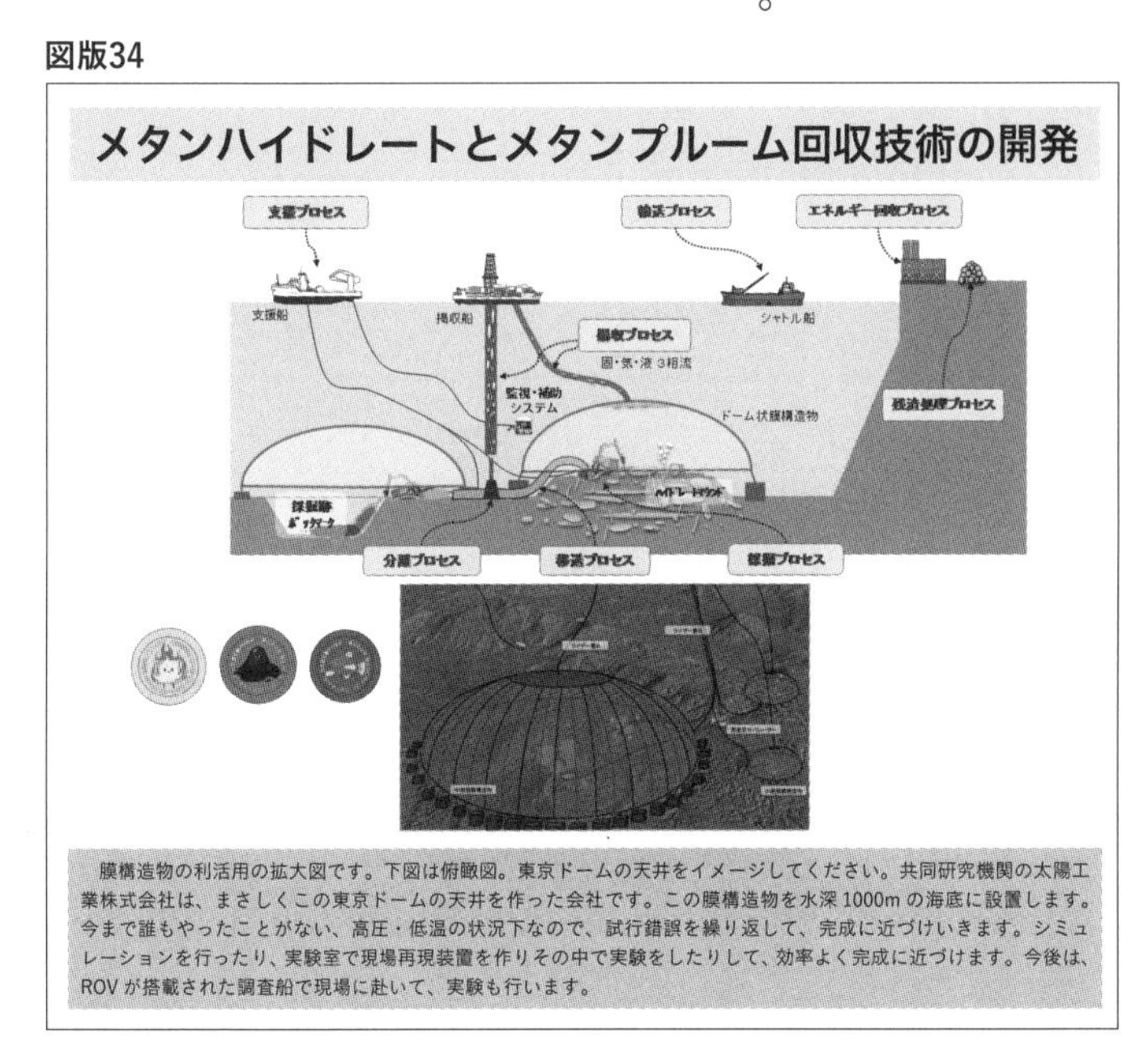

膜構造物の利活用の拡大図です。下図は俯瞰図。東京ドームの天井をイメージしてください。共同研究機関の太陽工業株式会社は、まさしくこの東京ドームの天井を作った会社です。この膜構造物を水深1000mの海底に設置します。今まで誰もやったことがない、高圧・低温の状況下なので、試行錯誤を繰り返して、完成に近づけいきます。シミュレーションを行ったり、実験室で現場再現装置を作りその中で実験をしたりして、効率よく完成に近づけます。今後は、ROVが搭載された調査船で現場に赴いて、実験も行います。

ルームが出ていますが、途中で止まっていますす。溶けてしまっているのです。これを見て、私は「ずっと出っ放しなのだから、そのままこれを採ってしまえばいいんじゃない?」と思いました。

地球環境の保護から考えても、回収したほうがいいのです。じつはメタンは二酸化炭素より温室効果が二〇~二五倍あります。ということは、プルームで上がってくるメタンはすべて採ってしまって、われわれのエネルギー資源として活用しながら地球温暖化を緩和できるという、凄い一石二鳥になることが期待できます。

そこで私たちが考えたのは、こういう大きな人工膜です。ドーム状の膜をつくって、それで、下から溢れてくるメタンプルームを採ってしまう。それから、例えばメタンハイドレートを海底から回収することになっても、この膜のなかで作業をすれば、濁った水などが外に出ないということで、環境に対しても優しいのがわかります。

あと、水深一〇〇〇メートルくらいの海底の様子、それを無人潜水機(ROV)で撮影した画像を見ていただきます(下の二次元コードを読み取ってください)。

質問箱に答える「その二」

ここからは質問箱に頂いた、質問への回答です。

ひとつ目の質問です。「→」以降がその回答となっています。

・日本がＬＮＧ（液化天然ガス）を中東やオーストラリアなど、外国から買う値段は、ドイツが同じく海外から買う値段より高いそうだが、何割高いのか？　という質問です。

→この質問、私、これを書いた方に逆に質問したいのですが、「高いそうだが」と書かれています。この情報はどこから仕入れましたか？　なぜかというと、そういうことはいま、ないからです。

この質問を受けたあと、念のため政府の資源エネルギー庁に聞きました。このエネ庁に石油天然ガス課（現・資源開発課）があります。日本が石油とか天然ガスを輸入するときの交渉などをすべて、一手に仕切っています。日本のトップの部署です。その石油天然ガス課の課長に確認しました。

じつはこの質問は一二月二八日に手元に届きました。御用納めの日だったから、急いでメールしました。そうしたらすぐに回答がありました。以下はその人からの回答です。

「まず、日本がドイツなどと比べ、豪州や中東から購入する際に割高に買っているということは今はありません」ということです。

「東日本震災の時、その時は数年間は、原発が動かない中でしたね。なので、高くてもＬＮＧを購入しなければならず、当時はJapan premiumと揶揄されましたが、それは仕方のないことだったと思います」とのこと。東日本大震災被災後だけの特別なことだったのです。もう仕方がないので「Japan premium」と言われようが、ちょっと割高で買っていた。これも、『自分の国に資源があったら、きっとこんなことはないのにな』と私は思いましたけど。

いまはどうかと言うと、「今は、普通に、他国企業と入札で競い合っています」とのこと。ＬＮＧを買うときは「日本が高く買わされているというわけではありません」と、もう一回繰り返してます。「一昨日」つまり一二月二六日月曜日ですね、「オマーンと日本企業の3社が、合計２００万トン以上の長期契約の基本合意に至りました。でもこれは、世界の80社を超える企業との入札合戦に勝利しての結果です」とのことです。

これが真実です、皆さん。日本のトップ部署の責任者がキチンと説明してくれています。

ふたつ目の質問です。

・メタンハイドレートの開発が遅れているのは一部利害関係者のためですか？

↓まず前段のところ、「メタンハイドレートの開発が遅れている」。これはどこの情報でしょうか？　と私は逆に質問したいです。遅れていることは全然ないです。これについては確認のために、青山繁晴に聞きました。以下のふたつは青山繁晴のコメントです。

「利害関係者」――これは石油とガスの既得権益の人たちです――「による激しい妨害と力を尽くして戦ってきたというのは事実ですが、米国の例をはじめ資源開発の世界の常識からすれば、とても速いほうです」とのことです。「米国の例をはじめ」というのはどういうことか。これはシェールガスです。いまシェールガス、米国でやっと使われはじめました。開発に何年かかったかと言うと、計画が立てられてから、およそ一〇〇年です。一〇〇年かかっています、やっと採れるようになってます。

一方、メタンハイドレートはまず砂層型の開発を二〇〇〇年ころから始めました。二〇二七年に民間事業者へ主導権を移すという目標を、経産省が公式に掲げていました。武漢熱で三年遅れて、二〇三〇年が新しい目標になりました。仮にそれで実用化がなされるとすれば、たったの三〇年、武漢熱の期間を差し引くと二七年、米国のシェールガスに比べて約四分の一です。だから、世界の常識からすれば、とても速いほうです。

青山コメントのふたつ目は以下です。「私たちの努力と成果を真っ当に評価してくだされば、と思います。日本ではまったく分かっていない評論家や、メディアが何も知らずに嘘ばかり言うから、」――このあたりはシビアな言いかたです――「そのような『遅れている』という誤解に繋がっています」と、内心でかなり怒っています。私もじつにそう思います。

まず、先ほど、日本がメタンハイドレート開発のリーディング・カントリーなのに、新聞にはチョロっとしか書いていないというお話をしました。そういうのも、キチンとした理解がなされていないことの表れだと思っています。あと、開発期間も短いのに、それを例えば、ＮＨＫでも民放でも「二七年間〝も〟かかります」のように報道されたら、視聴者は「あっ、そんなにかかるのか」と思ってしまいます。そういう伝え方も絶対によくないと思います。例えば「米国だったら一〇〇年かかったところを、日本は二七年です」と事実だけ言ってくれれば、私たちは、「そうなんだ、じゃあ短いじゃん」と思います。そういう姿勢がまったくないと私もいつも思います。

あと、「バーゲニング・パワーがすでにあること」が重要です。どういうことかと言うと、ロシアとは天然ガスの輸入価格交渉を、三年に一度くらいやっています。先ほど触れた、資源エネルギー庁の石油天然ガス課が前面で闘います。かつてロシアとの天然ガスの輸入価格交渉は向こうがいつも強気で、向こうのほぼ言いなりだったらしいです。日本が提案しても、まったく呑んでくれなかった。

しかしながら、二〇一三年に、日本が日本海側の表層型メタンハイドレートを開発するというニュースが世界を飛び交いました。そうしたら、日本政府が本当にメタンハイドレートの開発をやる気だというのがわかったというので、その年の対ロシア天然ガス輸入価格交渉は上手くいった。日本の提案した額がそのまま通ったのです。

こういうのをバーゲニング・パワーといいます。つまり交渉力ですね。まだ、生産技術が開発できていないにも拘わらず、そういう効果が出てくる。あのロシアが日本の言い値を否定しないどころか、そのまま呑んだ。これは凄いことです。でも、メディアはそういうこともまったく理解していないし、知ろうともしない。それだから、メディアにはもっと勉強していただきたい。評論家とかコメンテーターとか、記者もそうです。真実を知ってもらって、それを発信してくれれば、皆さんもそれを誤解なく聞いていただけるようになると思います。

・メタンハイドレートの分子式は何でしょう？

→理論化学式はこのようになっています。「CH4・5.75H2O」

・メタンハイドレートをメタンとして採集することになると容積が大きくなると思いますが、その後はまた液化して運ぶんでしょうか？

→固体から気体に変わるとき、一六〇〜一六五倍くらいの量になってしまいます。だから普通、天然ガスなどを海外から輸入するときは、液化して容積を抑えて運びます。そういうふうにしないいんですか？　ということです。

→まだ揚収後、つまり採って上げてからの方法は検討されていません。政府としては、経済性評価をすべて検討して、揚収後はパイプラインになるか液化して運ぶかどちらかになると思います。おそらく、この経済性の評価を検討した結果、パイプラインになるだろうと私は推測してます。なぜかというと、とても近距離だからです。例えば中東やインドネシアからの輸入だと、いま私たちも船に乗って二〇日間くらい経ってます。それでもまだ中東には着いていない。このように凄く時間がかかります。けれども日本海側のメタンハイドレートは、どこにあるかと言うと、陸からたった二時間のところです。どう考えても、パイプラインを繋げたほうがいいと私は考えています。一方で例えば、ＬＮＧタンカーがあります。あういうものも使ってもいいかなとも思います。すでにあるものですからそこにガンガン詰めて、そのまま二時間かけて港に運んでも、それはまったく問題ないと思います。兎に角、経済性評価が大切です。これを実施して、どちらか安いほうが良いと考えます。

・メタンハイドレートをメタン（ガス）として採らずに（固体の）メタンハイドレートのまま取り出すことはできないんですか？　そのほうが楽じゃないですか？

↓何度かお話をしましたが、メタンハイドレートの比重は〇・九くらいです。したがって水中では自然に浮上します。浮上のあいだにメタンと水に分かれます。もしハイドレートの状態を維持しようとすると、ずっと高圧にしていなければなりませんし、ずっと低温にしていなければなりません。その分エネルギーが必要になりますから、経済性の評価はとても低くなります。だから自然に任せて、ハイドレートの状態ではなく、ガスになったものを採ったほうが良いと考えられます。

・メタンハイドレート回収技術の開発による生態系への影響はないのでしょうか？　越前ガニはどうなるのかとても心配です。

→まず、越前ガニ、地域によっては松葉ガニ。獲れた港によって名前が変わりますけど、ズワイガニのことです。私も大好きです。このズワイガニの生息の海域は結構、浅いほうです。深くても八〇〇メートルとかです。メインは五〇〇メートル前後です。なので、メタンハイドレートの埋まっている海域とはまったく違います。ズワイガニについては心配いらないです。安心してください。

ただ、ベニズワイガニというのはご存じですか。獲れたときから赤いのでベニズワイガニといいます。ベニズワイガニ、じつは生息海域がメタンハイドレートの埋まっている海域と被っています。しかし商品にできるベニズワイガニは、メタンハイドレートの近くには生息していません。近くにいるのは商品にならない弱いカニや、油臭い、油というか恐らく硫黄の臭いがするカニです。こういうカニは地元の人が食べるそうです。

あと、メタンプルームを先ほど説明したドーム状の回収膜を被せて採るというのが、私は環境にもいちばんいいと思います。海底を掘り返さないで済むからです。これも続けて開発をしています。

・海底熱水孔チムニーについても触れていただきたいです。もしかして分野外？（青山の）範

囲外？　かもしれませんけど、

→範囲外ではなく、もろにヒットしてます。じつは計量魚群探知機を利用して、熱水鉱床とかチムニーがあることを発見しています。高温の熱水がブワーっと出ています。この中には、銅イオンや亜鉛イオンが含まれています。周りの海水は温度が低いので、この熱水は冷やされ、銅とか亜鉛とかになって、周囲の海底に落ちます。そんなわけで熱水鉱床の周りの海底には銅や亜鉛がたくさん落ちています。

ただ、この位置がいままでわからなかった。それを計量魚群探知機でバッチリ見つけることができます。

過去二年間くらいですが、沖縄トラフ、皆さんが今航海で通ったところですね、そこで調査しました。熱水は四〇〇度くらいありますが、出た途端、周りは全部冷たいですから、すぐ冷えます。だからプルームの背が低い。沖縄トラフにはこういう熱水鉱床が沢山あります。位置を示すと、尖閣諸島の近くですから、すぐに中国が侵入してくるので、明確にしていません。しかし、沢山あります。

では今日はこのくらいで終わりにしたいと思います。どうもありがとうございました。

第四回

安く簡単に海のエネルギー資源を発見!

二〇二三年一月一六日

皆さんこんにちは。今日はカニのお話をするということで、ちょっとカニっぽい感じの服を着てきました。それに、かに道楽に行ったあとにもらえるカニのお面、あれを被ったら今日の船内仮装行列に参加できるかなと思っています。ありがとうございます。

ちょっと船が揺れてますが、揺れがあまり好きじゃない方は真ん中のほうに寄っていただくと、揺れが少し小さいのでいいかなと思います。揺れがむしろ好きな方は端のほうにどうぞ。ひどい揺れではないので、船旅らしい感覚を味わえます。

では始めたいと思います。

コラボレーションのきっかけとなったこと

今日はまず、カニかご漁船とのコラボレーションのお話をしたいと思います。私の専門はメタンハイドレートなのに、何でだろうと思う方がいらっしゃると思います。まずは、そのへんをお話ししていきます。

地元の企業——ここでは新潟県です——とのコラボレーション、地元のカニかご漁船との連携ですね。そういう異分野の方々とのコラボレーションがいかに楽しく、充実したものかを話して参ります。

第一回講演と第二回講演のとき、地質研究分野の先生と私——私は魚群探知機を使って研究しているので、水産研究分野としましょう。あるいは水中音響の分野です――がともにそれぞれ、異分野の非常識が自らの常識だったことに気づいたという話をしました。

同じ海底を見るのでも、地質研究分野の研究者がいつも見てるのは、図版35の左の写真のような測深機のモニターで、これで海底までの距離や海底の形状などを確認しています。一方で私の使う魚群探知機だと、海底からニョキッと出ているメタンプルームが確認できます（図版35右写真）。じつは測深器も魚群探知機も原理は一緒で、船の底から真下に向けて超音波を発射しています。

以前、海水と音響インピーダンスの話をしました。音響インピーダンスとはρc（ローシー）、

図版35

はじめに
地質研究分野と水産研究分野のコラボレーション

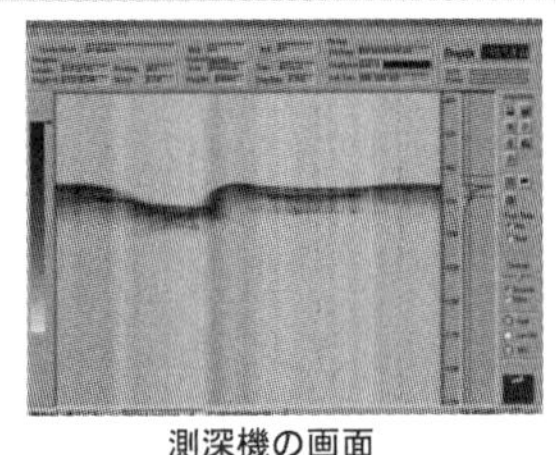

測深機の画面

水中の様子はわからない

VS

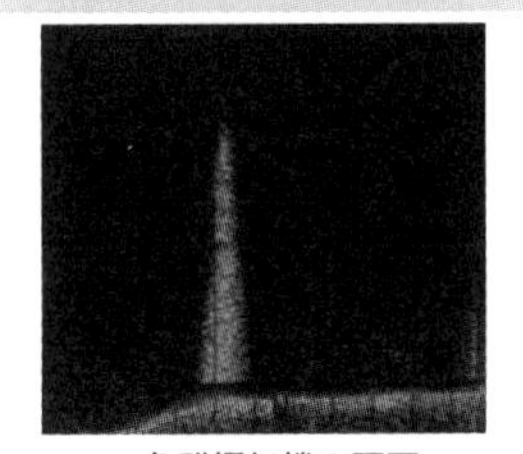

魚群探知機の画面

水中のガスなどの
挙動が把握できる

自分の分野の常識は異分野の非常識！
だからコラボがとっても大事
研究のスピードが早まった

つまり「媒質の密度×媒質中の音速」で求められます。

ちょっと難しいですね。まず媒質とは、何かが伝わるときに、それを仲介するもののことです。例えば、音波だったら空気とか水です。音響インピーダンスとは、伝わるときの抵抗です。超音波の反射や散乱は、その音響インピーダンスに差があるために起こる現象です。超音波は、密度と音速が違う（つまり音響インピーダンスが違う）媒質に進むときにはその一部が跳ね返ってくる性質があるのです。

その戻ってきた超音波を図に表したものが図版35のふたつの写真になります。

右の画像にははっきりとメタンプルームが映っていますが、じつは左の画像にも、ほんとうは画像の上、三分の一あたりに映っています。でも、測深機を使用する人たちには必要ない情報なので、そのデータは見えないようにしてあるだけなのです。

右の画像をご覧になった地質研究分野の先生はとても驚かれて、「本当に目からウロコだね」と仰り、計量魚群探知機を是非メタンハイドレートの研究に使いましょうということになりました。それで私たちのコラボレーションが始まりました。これでメタンハイドレート研究のスピードが格段に速まったと断言できます。異分野とのコラボ、とてつもないポテンシャルを秘めています。

研究と実業のコラボレーション

さて、地質分野研究とのコラボとはまた別に、カニかご漁の漁業者と水産研究分野のコラボレーションについて話します。

まず、海洋資源エネルギーの調査等は、調査のあとに回収技術が確立したら、資源の回収を始めます。つまり海を使うようになる。そのとき、暫くのあいだ、その海域の工事をすると漁業ができなくなる可能性があります。その対策として、これまでは「漁業補償」をしていました。なんでもお金で解決しようという意味です。

要するに漁業ができないあいだ、例えばそれが一〇日間だとすると、一日通常一〇万円の漁獲量があるので、一〇〇万円補償するから、そのあいだは操業しないでねということです。

でも、私はこのお金で解決するというのはいかがなものかと思うのです。お金が欲しい人もいるけれど、そういう人ばかりではない。漁家のかたにも、船を出して研究とかを一緒にやりたいと思っている人もいるのではないかと、常々考えていたのです。それがまずひとつ。

それから、鮎（あゆ）や真鯛（まだい）の漁獲量をアップするのに、音が利用されている事例があるのは知っていました。水産研究の学術論文にも出ていますから。

あと、北方では定置網に折角、魚が沢山（たくさん）入ったのに、トドなどの海獣類がその定置網を破ってお魚を食べてしまう。そういう被害があって困っている。それで海獣類が近づかないように、彼らが嫌いな音を出して追い払うようにしている。こういう事例も論文にありました。

メタンハイドレートの回収とカニかご漁の共存

そこで「これはもしかして使えるかもしれない」と思った次第です。私はここ十何年間か、無人潜水機（ＲＯＶ）を海の底に降ろして、メタンハイドレートを探しています。そうすると、カニが沢山いるのをよく見るのです。「このカニ、実際に工事が始まったらどいてくれないかな〜」といつも思っていました。それで先ほどの話に戻りますが、「じゃあ、海底にいる沢山のカニ、このカニが好きな音と嫌いな音がわかれば、例えば、工事するところで嫌いな音を出せば、カニが避けてくれるんじゃないかな？」と思ったのです。そうすることで、メタンハイドレートの回収とカニかご漁の共存ができるのではないかなと考えました。

それで、過去にそういう研究がないかと、様々な文献を調べました。ところがカニと音の研究事例は私が調べた限りまったくなかった。「これならもうしょうがない。自分でやるしかない」と思って、二年前に地元の企業と地元のカニかご漁船と共同研究を始めました。

まずは何も研究事例がないので、カニの好きな音・嫌いな音を調べないといけない。そのためには実験をしなければならないので、まず獲ってきたカニを水槽に入れて、そこで色々な音を出して、カニが好きそうな音、逆に嫌いな音も調べたい。そして好きな音や嫌いな音が、例えば何ヘルツかわかったら、その音を出すスピーカーを作ってもらう。それが第一段階です。スピーカーを作ってもらったら、それを今度、実際に現場、つまり海の底ですね、そこに持って行って、それでカニが集まるか遠ざかるかを調べたい。

第一段階については、良い会社が見つかりました。ウエタックス社といって、新潟県の上越市にある、社員が二三人の職人集団です。何でも作ってくれます。

あともうひとつ。現場のカニに音を当てて集まってる様子とか、離れていく様子とか、どうやったら調べられるかという問題がありました。これはなかなかいい考えに至らなかったのです。ところが、ある日「もしかして、カニかご漁船の人たちと一緒にやったら上手くいくんじゃないかな」と思った。どうやるかと言うと、カニかごに直接スピーカーを付けてしまう。そして海底に沈めてからカニが好きな音を流しておく。それでそのかごにだけどっさりカニが入って、ほかのかごにはあまり入らないという結果が、もし実験で出れば、これがカニの好きな音だとわかると思ったのです。

それで「カニかご漁業者で協力してくれる人はいないだろうか」と思って探したところ、いらっしゃいました。それで二年前から共同研究が始まりました。

カニかごの漁をするところに、そんな実験で参加するの、普通ではあり得ないです。「まず断られるな」と思ったのですが……なぜここのカニかご漁船に決めたのかについても、このあと少し説明します。

図版36の大きな地図はベニズワイガニと表層型メタンハイドレートの分布が意外と重なっているというのを示した図です。

このグレーで示したエリアが、ベニズワイガニと表層型メタンハイドレートの分布が重なっている部分です。随分重なってます。私がいま実験のフィールドにしているのは、新潟の上越沖です。上越沖もベニズワイガニと表層型メタンハイドレートの分布が重なっています。これは漁業補償という旧来型の話だけでなく、是非、地元

図版36

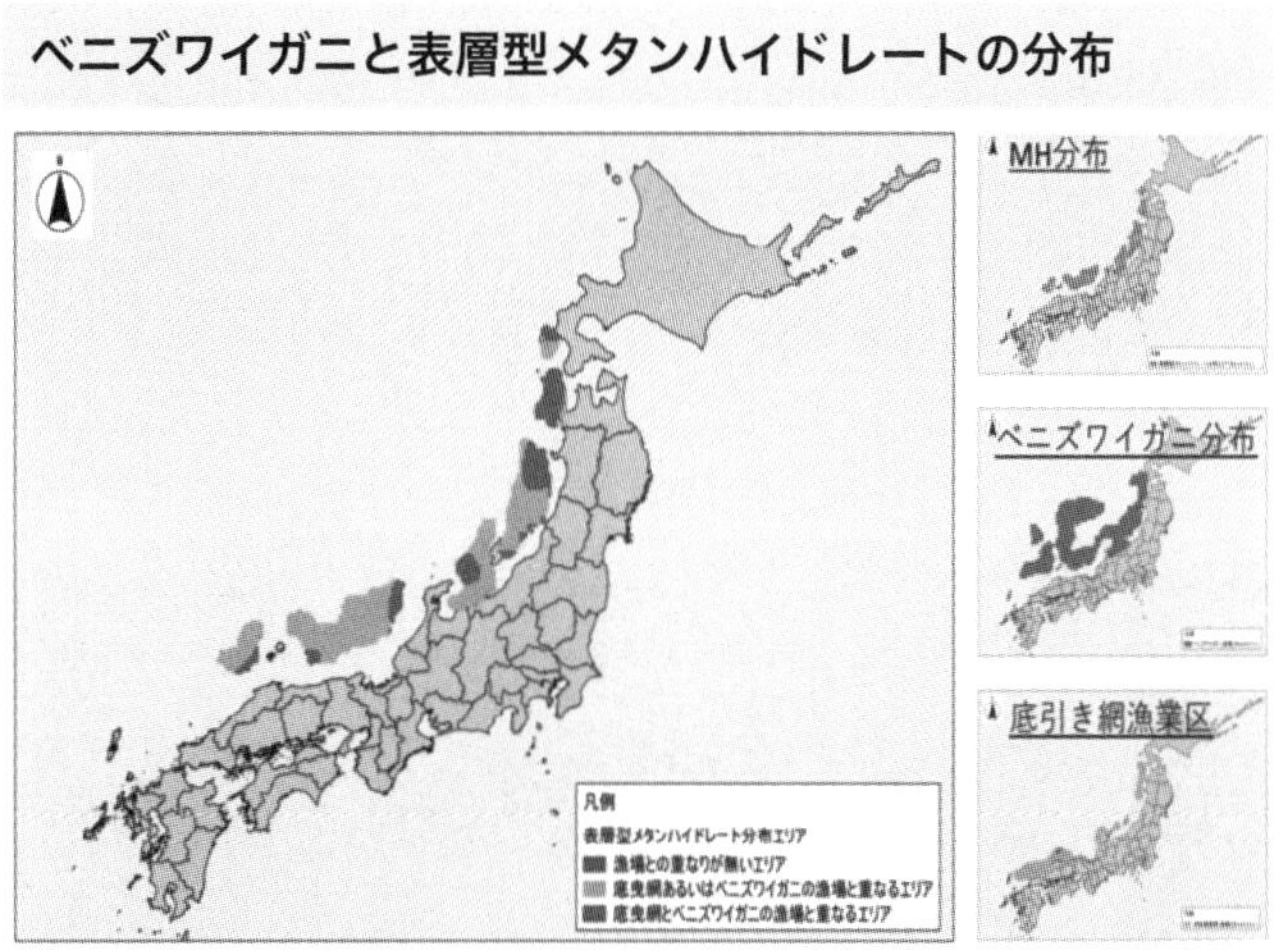

ベニズワイガニと表層型メタンハイドレートの分布

MH分布

ベニズワイガニ分布

底引き網漁業区

凡例
表層型メタンハイドレート分布エリア
漁場との重なりが無いエリア
底曳網あるいはベニズワイガニの漁場と重なるエリア
底曳網とベニズワイガニの漁場と重なるエリア

引用・加筆：鳥取県HP http://pref.tottori.lg.jp/92680、 http://pref.tottori.lg.jp/73623 をGISにて整理。

図　ベニズワイガニとメタンハイドレートの分布（国立大学法人鳥取大学・日本ミクニヤ株式会社）

漁業補償だけじゃない、漁業との新しい連携を目指そう！

漁業者たちと新しい連携をしたいと考えたわけです。

強力なパートナーその一

図版37の【青山の考え】のところを見てください。表層型メタンハイドレートは、太平洋側の砂層型メタンハイドレートとは違う使い方のほうが良いと考えています。

違う使い方というのはこういうことです。砂層型メタンハイドレートは採ったら、恐らくそれを基幹エネルギーとして首都圏に送ったりとか、そんなふうに国は考えていると思うのです。

一方、表層型メタンハイドレートは、陸から二時間ちょっと行ったところで、沢山、海底にあります。それも点在している。そういう資源は、採ったら、すぐにその場で使ったほうが良

図版37

カニの好きな音嫌いな音、地元の企業（ウエタックス社）とのコラボレーション

【青山の考え】
表層型メタンハイドレートは、地産地消のエネルギー資源として考える。
地域活性化、雇用の促進に繋がる。
まずは、自治体と連携して地域産業の中からシーズを見つけることが必要。
青山が自治体（新潟県）と連携して見つけた新潟県の企業。

施工時の海中騒音対策の検討：水中スピーカーとカニ

新潟県上越市のUETAXが製作。UETAXはアーティスティックスイミングの水中スピーカーの国内シェア100%。生物固有の好きな周波数、嫌いな周波数の超音波の研究も行い、定置網の網口にスピーカーを設置して漁獲量アップの報告あり。同様に紅ズワイガニが好きな周波数と嫌いな周波数を実験により求めることで、海底面の掘削時に応用すれば生物環境への影響が軽減できる。漁協（上越漁協能生支所、漁盛丸）との連携が必要。

いというのが私の考えです。持ってきてすぐその場で使うということは、新しい産業もそこに起きます。そうすると、地元の雇用促進や地域が生き生きと再生することにも繋がります。

それを新潟県や地元自治体にアピールしました。そうしたら新潟県が、県内でコラボレーションできそうな企業を探してくれたのです。それがウエタックス社です。

私が「水中音響等に関わってる会社、どこかない？」と新潟県に聞いたところ、ウエタックス社はなんと、長い間オリンピックのアーティスティック・スイミング（昔はシンクロナイズドスイミングといいました）のサポートをしています。二年前の東京オリンピックのときもそうです。

競技の行われるプールをよーく見ると、水中にスピーカーがついています。競技中、ふつうに音が会場で聴こえます。あれとまったく同じ音を、水中でも出して水中の選手に聞こえるようにしているのです。そのスピーカーを作ってる会社がウエタックス社です。国内シェア一〇〇パーセントです。図版37右の写真が、東京オリンピックのアーティスティック・スイミングに出た選手の寄せ書きです。これが会社のエントランスに入ると飾ってありました。

あと面白いことに、例えばこの会社に行ったときに、どこかから何かの音が聞こえてくるから、「これ何ですか？」と聞いたら、「じゃあ、ちょっと見にいきますか」とあるスペースに連れて行ってもらいました。そこには植物が、何かの葉っぱがいっぱい棚に並んでいました。そこに音が流れています。「これ何ですか？　もしかしてクラシックを植物に聴かせたら成長が早まるとかですか？」と訊いたら、「そうです！」と。

都市伝説的なものかと思っていたのですが、全然そんなことはなく、その植物の好きな振動——音の周波数は振動です——を与えると、成長が促進されるということでした。そのことについて、ある大学の生物学の先生が研究しているらしく、ウエタックス社はその先生とコラボして、そのためのスピーカーを作って、音を流して実験しているとのことです。

まだ結果が途中らしいのですが、音を聴かせてるほうと聴かせてないほうとでは、明らかに聴かせているほうが何割か成長が速いことがわかったそうです。そういう面白い研究をしているところなのです。

ウエタックス社に行って、カニの好きな音と嫌いな音を調べたいというお話をしました。そうしたら、「そういう国のプロジェクトなどに参画するのはとても興味があるし、嬉しいから是非、一緒にやりたい」という回答でした。それで共同研究が始まりました。

ここで実験して作ってもらったスピーカーを、最後は漁協に頼んでカニかご漁船に乗せるという方向で研究を進めました。

水槽でのカニ実験

さて、水槽での実験です。最初に、どうやって実験をしたかというと、過去の事例が少ないとはいえ、どんな強さの音を出したら生物に影響があるかとか、あとは、例えばカニは、ほかの魚類と比べたら、どのくらい音に耐えられるかという、先行の研究がありました。こういう研究をすべて閲覧した結果、使う周波数は全部で一五種類に絞りました。以下になります。一五〇、二〇〇、二五〇、三〇〇、四〇〇、五〇〇、七五〇、一キロ、二キロ、三キロ、四キロ、五キロ、六キロ、七キロ、八キロヘルツ。

これらは可聴域の範囲、つまり人間の耳でも聴こえる範囲ということです。この周波数一五種類を使い、あと音圧、すなわち音の強さは一〇〇〜一三〇デシベルにすると、先行事例から決めました。

それから一匹ずつ水槽に入れて、例えば、一五〇へ

図版38

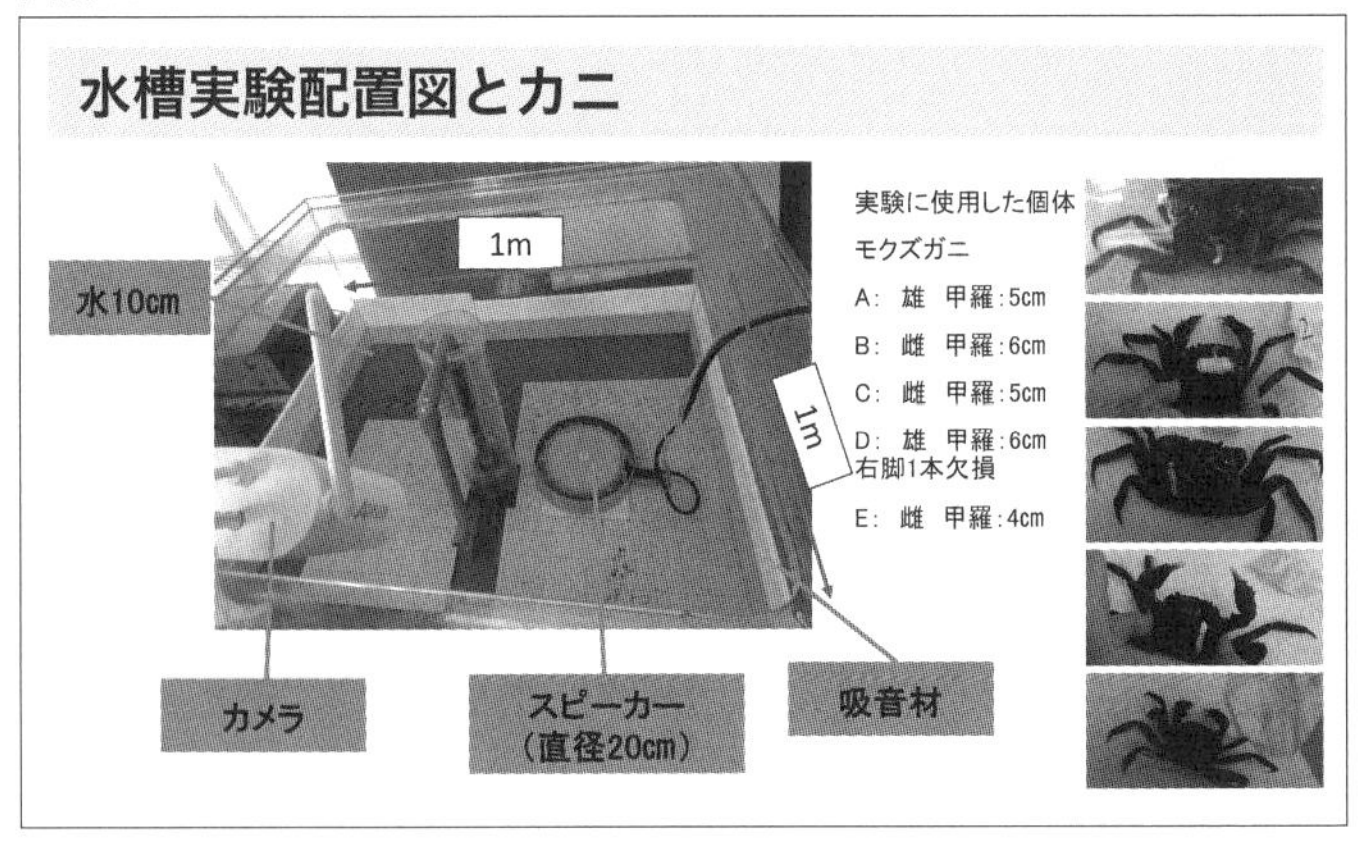

ルツの音を一分間流して、カニがどういう行動を取るかを観察しました。

図版38の右の写真が実験に協力してくれたカニたちです。モクズガニというのですが、ウエタックス社のすぐ横を小さな川が流れていて、そこに住んでいるカニです。ウエタックス社の社長の息子さんが、小さいころから川遊びで、よくこのモクズガニを捕っていて、捕るのは得意というので、実験開始までに捕っておいてもらいました。使った水槽は図版38の左の写真のような感じで、一メートル四方の透明アクリル板で囲い、どこからでも見られるようになっています。ここに一〇センチくらいまで水を入れます。写真の左下の物体はカメラで水槽の右寄りにある丸い物体がスピーカーです。上に向いてるほうが振動して音を出します。直径二〇センチくらいです。真ん中にちょっと邪魔なものがありますが、この水槽は水を循環して使うのでこういう循環器が入っています。

でも実際にこの実験のときには変な振動が出てしまうので、いまは、これは使ってません。さらにスピーカーから出す音が壁面で反射してしまうので、吸音材を周囲に貼りつけて実験を行いました。

具体的な実験方法

色々な実験を何種類もやりました。詳細を話すと長くなるので省きますが、図版39中央の図は、先ほど説明した水槽を上から見たところです。カニはスピーカーに近づいてくる、線の違いはカニの個体の違いです。

図版39の下に記した〈特徴①スピーカーに近づく動き〉ですが、カニがスピーカーに近づく動きを見せたときに出ていた音は、多分、カニが好きだと判断しました。

もうひとつ、〈特徴②移動の活発化〉ですが、よく漫画等で電気ショックでビリビリとなるシーンがあります。それと同じようにカニが、ある周波数の音を出すと、ビリビリとなりました。その状態であちこちに行く。そういう状況を「移動の活発化」と定義したの

図版39

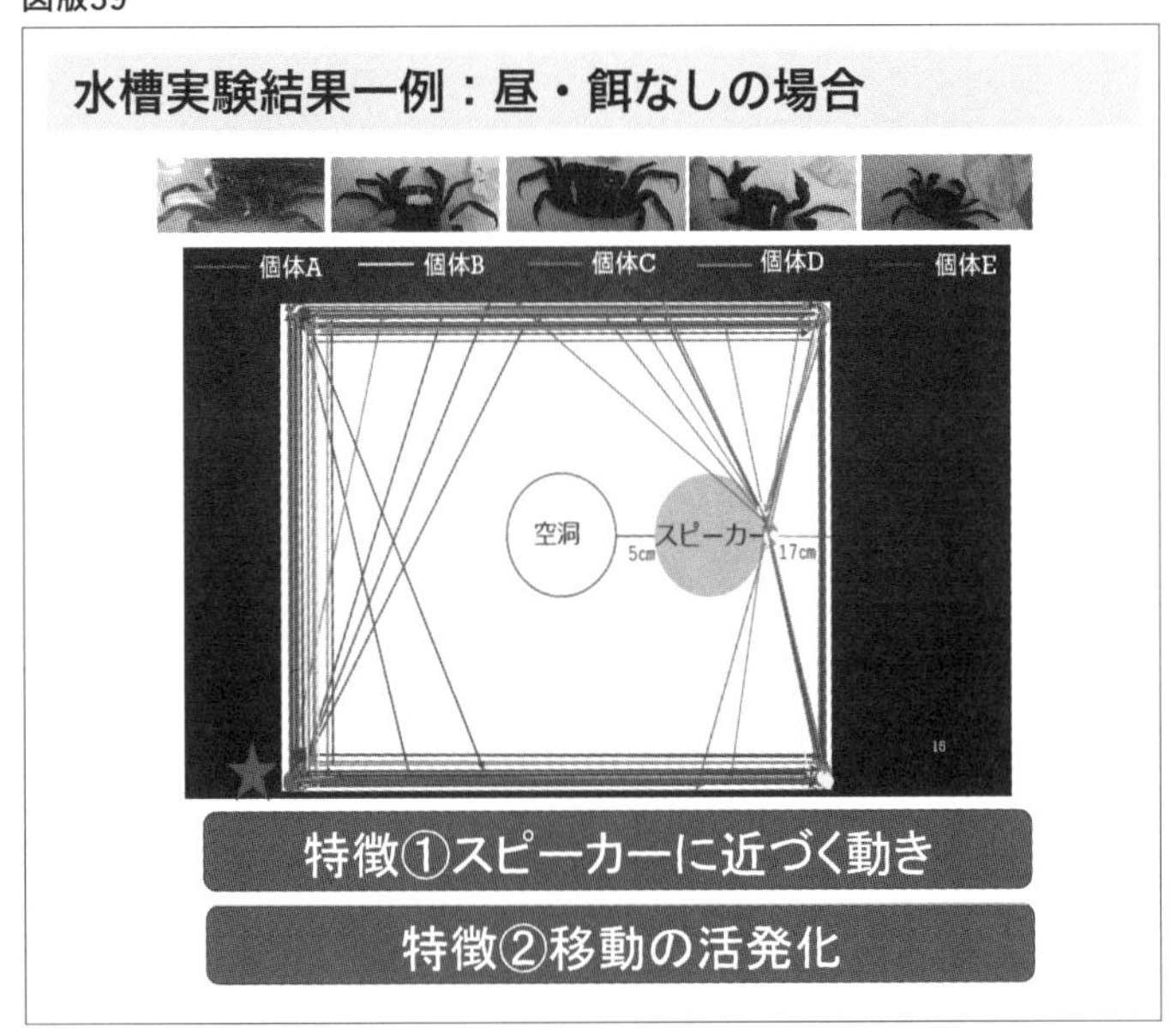

ですが、これは恐らくビリビリして気持ちが悪いのだろうなと推測して、こちらを嫌いな音と判断しました。

カニ実験の結果で判明したこと

これらの実験でわかった周波数が以下です。

好きな音は三〇〇ヘルツ、四〇〇ヘルツ、そして五〇〇ヘルツです。一方嫌いな音は一キロヘルツです。

この四つの周波数の音を出すスピーカーを、ウエタックス社に作ってもらうことにしました。水深は一五〇〇メートルくらいを想定しました。ベニズワイガニの棲息域は一一〇〇メートル前後ですが、一・五倍くらいの水深を想定し、耐圧能

図版40

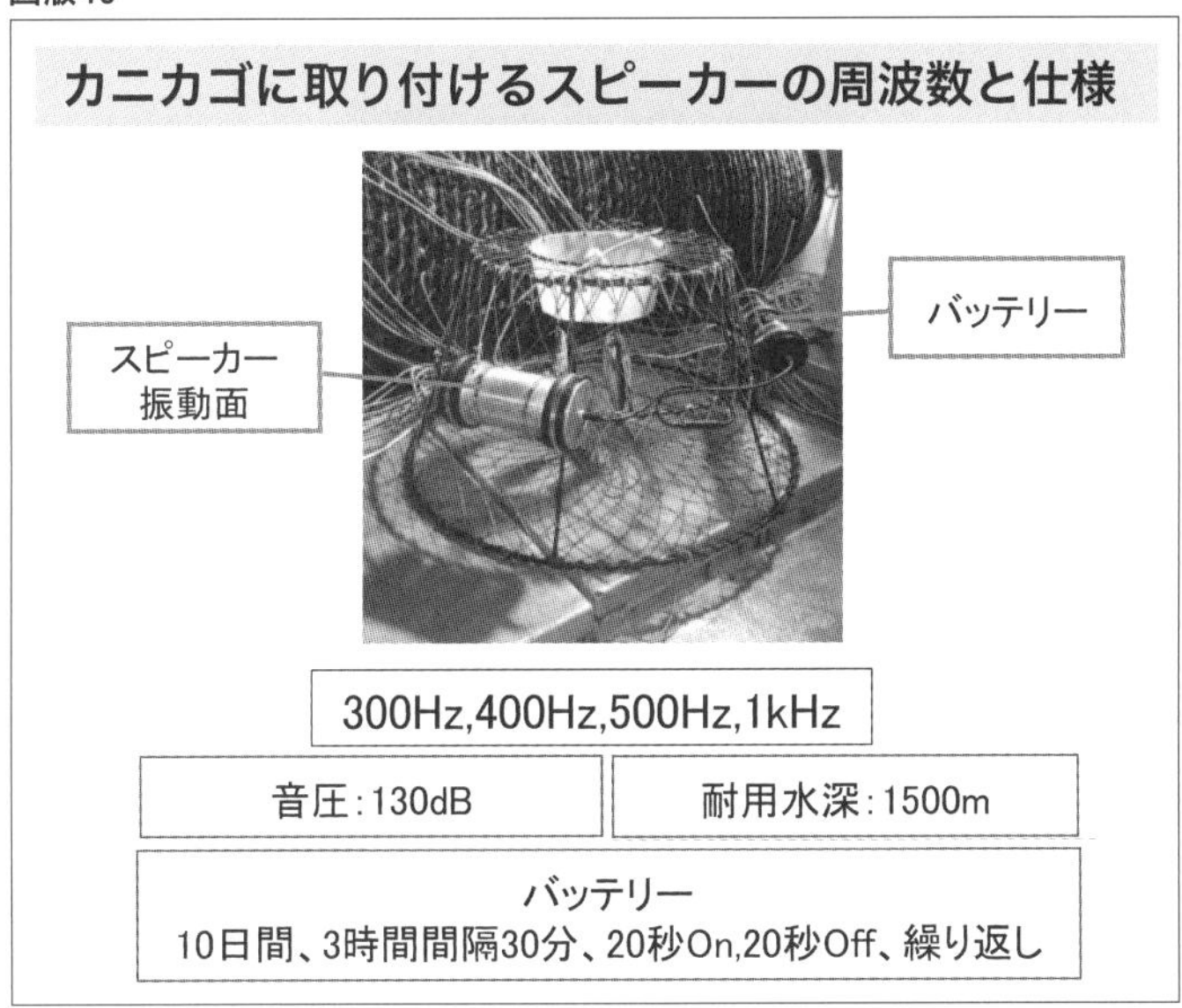

力を高めに設定してスピーカーを作ってもらいました。

そのスピーカーは一〇日間ほど海底に沈めて、また引き上げます。つまり一〇日間、電源が持たないといけません。バッテリーをカニかごに取り付けて、その対称の位置にスピーカーを取り付けます。そうしないとバランスが悪くて転がる可能性がありますから。

バッテリーにはリチウム電池を使いました。リチウム電池は容量が決まっています。この実験では一〇日間海底に沈めますから、その期間、電気がもつように逆算しました。計算の結果、三時間間隔で三〇分間電源を入れる。電源を入れている間は二〇秒間ピーッと音を出し二〇秒間休みというのを繰り返します。

そうすると、このバッテリーでちょうど一〇日間もつので、そういう設計にしました。

強力なパートナーその二

さて、スピーカーとバッテリーの付いたかごは用意できました。あとは現場に持っていくだけです。

それは、新潟県糸魚川(いといがわ)市の上越漁協能生(のう)支所に所属する、漁盛丸(りょうせい)の協力を仰ぐことになりました。そのわけを話します。

もともと私の研究のホームグラウンドというべきエリアは、同じ新潟県の上越市の沖です。

上越にも直江津（なおえつ）という大きな漁港があります。それでなぜ糸魚川の漁盛丸にお願いしたのか。まず、漁盛丸の船長さんは、いま能生支所の支所長をやっておられるので、全部ご自分の判断でやってもらうことができたこと。そして、以下の理由が肝心です。

いまから六年前、私の研究室の学生の卒業研究として、メタンハイドレートの研究を通して、「新しい漁業との共存のカタチ」というテーマで、色々な漁協を回ってヒアリングしました。エネルギー資源の開発と漁業の連携の可能性は実際のところどうなのか、それを知りたかったので、漁業者の人がどういう気持ちなのかを聞きたいと思い、学生と一緒にヒアリングに行ったのです。

そのとき、上越漁協能生支所にはとりわけ積極的にヒアリングを受けていただきました。積極的に前向きに何でも取り組む姿勢があると感じました。

たとえば、漁業補償に関しての話です。能生支所では補償金をもらわなかったことがあるという話を聞いてびっくりしました。「普通は誰でも漁業補償といったら、お金をもらいたいのにな」と思って、さらに詳しく聞きました。すると、具体的な場所はちょっとわかりませんが、北陸自動車道をつくるときに、トンネルを造らなきゃいけなくなった。トンネルを掘ると土砂が出ます。その土砂を海に投棄して埋め立て地を造りたい。その埋め立て工事の間、土砂投棄対象範囲の近辺では漁業ができないから、漁業補償をしましょうと役所、おそらく国土交通省に言われたそうです。

それに対して、能生支所は「自分たちは補償金はいらない。ただその埋立地にカニ専用の市場をつくってほしい。そのうえで自分たち能生支所のカニ漁業者が自主管理・専売するお店を出したい」と回答したそうです。

そういう約束を取り交わして、補償金は一銭ももらわなかったとのことです。能生支所の隣に道の駅「マリンドーム能生」が建てられ、「かにや横丁」という直売所が併設されました。もしかしたらどなたか行ったことがあるのかもしれませんね。いまではたくさんのお客さんが訪れ、大成功を収めています。

能生支所に所属しているのは一四の漁船です。「かにや横丁」では船毎にお店が出来ていて、自分たちが獲ってきたベニズワイガニを直売しています。小売りです。道の駅なので、車で来た人が買っていけるようになっています。また、その場で茹でていますので、すぐに食べられます。

私たちがヒアリングしたとき支所長が仰ったのは、漁業補償でお金をもらうと、お金だけもらって、そのあと漁業を辞めてしまう人もいるということでした。「そういうのはとても嫌だった。でも、この『かにや横丁』のような展開をすれば、ずっと漁業を継続していける。若い人もドンドン帰って来てくれる」と仰ってました。見事にその気持ちが受け継がれています。

このヒアリングのとき、いつか能生支所と一緒に何かやりたいと思いました。なので、今回真っ先に能生支所に連絡を取り、私の提案を持っていきました。

「カニの好きな周波数と嫌いな周波数が水槽実験でわかったから、その音を出すスピーカーを作りました。これをカニかごに取り付けて実際の漁に一緒に連れて行ってもらえませんか?」と提案したのです。内心『漁業を馬鹿にするな』と滅茶苦茶に怒られるかな」『仕事の邪魔だ』と断られるかな」と心配だったのですが、なんとOKが出ました。提案を受け入れてもらえたのです。逆に「それ、面白そうだね。もしかしてカニの好きな音をスピーカーから流して、そこカニがいっぱい集まって獲れたら、自分たち漁師にとってもすごく、嬉しい」と前向きなコメントをいただけました。漁業者と研究者がウィン・ウィンの関係になれると意見も気持ちも一致して、共同研究をはじめることになりました。

いよいよ海での実験開始

そして、スピーカー付きのカニかごを海に投入する実験を始めました。もう二年前になりますが、二〇二一年のことです。このときは、合計で六回もカニかご漁船に同乗して、実験をやらせていただきました。

カニかご漁の漁業家さんたちは年に五〇回くらいしかお仕事をしないそうです。それで充分にお金が稼げ、ゆとりある生活が送れるとのことです。それ以上やると、小さなカニも獲ってしまいます。そうすると翌年、カニが獲れなくなってしまうということがあるので、五〇回くらいに止めているという話も聞きました。

漁盛丸は一四トンです。皆さんがいま乗船しているにっぽん丸は二万二〇〇〇トン。約一五〇〇分の一です。横幅が四メートルもないくらいで、長さも二〇メートルに満たないくらい。トイレも「トイレ」と書いてあるだけで、実際は使えません。このあいだの寄港地ツアーの説明会のときに、「皆さまにお使いいただけるようなトイレは、マダガスカルの動物園にはありません」というアナウンスがありましたが、恐らくそのトイレよりも酷いと思います。まず、トイレの戸が開かない。やっと開いてなかに入ったら、戸が閉まらない。あと、海水がかかるから全体に亘(わた)ってビショビショで、トイレットペーパーが濡れて団子みたいになっている。勿論、便座もない。そんな凄いところですね。だいたい女性が乗るのを想定していない。

そして、人が待機するような部屋もありません。みんな舷側(げんそく)(船の縁)の内側に座っています。高さは五〇センチもないところもあります。五〇センチといえば、人の膝くらいの高さなので、ちょっと揺れると落水する人もいます。そんな超危険な状態ですが、そこに私や学生、ウエタックス社の方をはじめ、五人くらいをいつもより多く乗せて、実験をやらせていただきました。

具体的にどんな実験をしたのか

図版41の左上の図がカニかご漁の概要図です。まず、かごを繋いだロープの最初と最後に旗が立っています。このあいだは八・四キロメートルです。カニかごはその間に一〇〇個付きます。これで「一連」といいます。

かごとかごは最初のうちは七〇メートル間隔です。これがあとのほうになったら、一四〇メートル間隔になります。これを一個一個、舷側から落としていきますが、七〇メートルうしろに次の二個目、また七〇メートルうしろに三個目というふうにドンドン入れていきます。

カニかごがどんなものなのか見たことのある方はあまりいらっしゃらないかもしれ

図版41

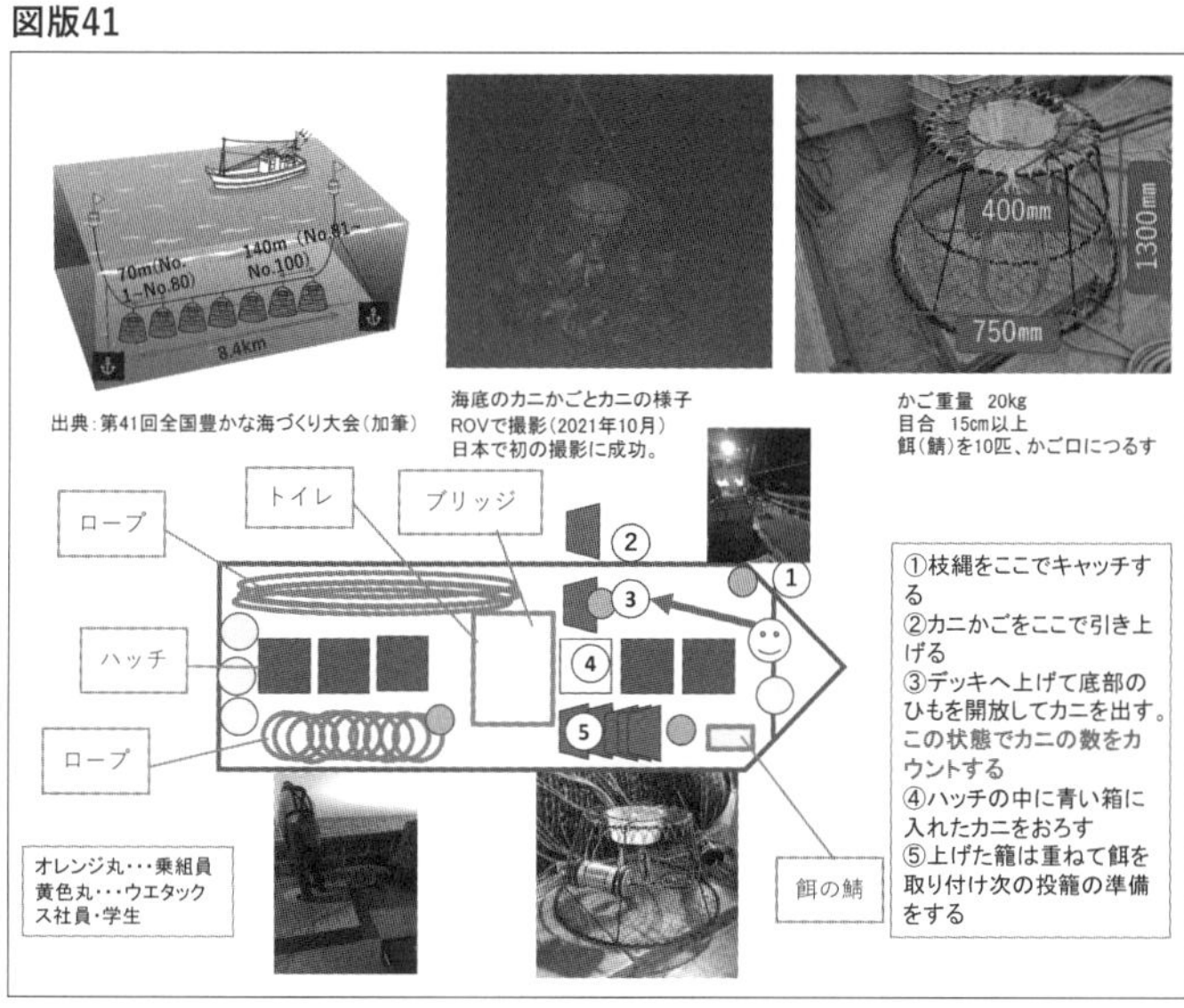

ませんが、図版41右上の写真のような形で、台形みたいな感じでしょうか。フレームは鉄製です。それでだいたいの形が出来ていて、そこに網が被さっています。目合一五センチメートル以上と書いてありますが、「目合」というのは網の目の大きさです。一五センチメートルだと、見た感じかなり大きい。それで「なんでこんな大きさにするんですか」と聞いたら、「これ以上の大きさのカニは獲る。これより小っちゃいカニは獲らない」とのこと。つまり、この目合の網の目の間から出ることができる小さなカニは逃がすということです。これは各漁協で、申し合わせで決まっているようです。逃げた小さいカニは海に残って、段々大きくなって、またその次の年に獲ることができます。

ではカニはどうやってかごに入るかと言うと、カニかごの上部にある白っぽい物体、洗面器の底が抜けてるみたいな感じです。底が抜けてる部分の底のところに、餌にする鯖の口にフックみたいなものを付けて引っ掛けます。全部で八匹から一〇匹です。

この状態で海に沈めます。水深一〇〇〇メートルの海底は当然真っ暗です。カニはどうしてここに集まってくるのか、どうして餌があるとわかるかというと、匂いでわかるそうです。そのため、なるべく匂いのキツい鯖を付けているそうです。

カニかごの重さは、だいたい二〇キログラム。あんまり軽いと浮かんでしまいます。カゴの形が台形になっているのは、広いほうが必ず海底に着底するようになっているからだそうです。

図版41の中央にあるのが船の俯瞰(ふかん)見取り図です。ちょっと見ただけではよくわからないと思うのですが、船の幅は四メートルくらいです。中央にはハッチという穴が開いていて、そのなかに獲ったカニをどんどん入れていきます。まえのほうにある台形のものがカニかごですね。カニかごを引き上げると、③のところでカニを出して、ハッチに入れます。そしてこのかご、また海に下ろすので、⑤のところにドンドン一〇〇個を横向きに重ねていきます。この狭いなかをウエタックス社の方々は、邪魔にならないように小さくなりながら、撮影をしました。

上段真ん中の写真は動画なのですが、海底でカニかごがどんな状態になっているか、これを無人潜水機（ＲＯＶ）を漁船からケーブルで繋げて撮影したものです。〈日本で初の撮影に成功〉と記しましたが、本当にそうです。なぜ断言できるかを説明しましょう。

まず、左隣のカニかごの概要図を見ると、旗竿があります。調査船は、この旗竿から半径五〇〇メートルくらいのところには近寄ってはいけないという暗黙の了解があります。なぜか。ＲＯＶは船とケーブルで繋がっています。あと、カニかごもすべてロープで繋がっています。これらが絡まってしまう危険があります。絡まったらとても大変なので、暗黙の了解となっているのです。

ただ、私はその暗黙の了解は間違っているとずっと思っています。カニかごの漁師さんは、図版41の上段真ん中の写真の様子を見たことはないだろうけど見てみたいと思っているなと私は思いました。折角、ＲＯＶがあるのだから、それで潜っていって、こういう様子を撮影して、漁師さんに見せたら、漁師さんとは敵対関係ではなく仲良しになれるんじゃないかなと思いました。

図版41の上段真ん中の写真は漁盛丸のカニかごです。このカニかごには特別な設備、すなわちスピーカーとバッテリーが付いていて、その開発に私は関与しています。一方、この調査は国の調査ですが、私が関わっています。私は両方に関わっています。そのため調査船と漁船の話し合いがスムーズにいって、この画を史上初めて撮ることができた、そういうわけです。

この画像で本当に分かったことは、目合を一五センチメートルと大きくしたから、実際に小さなカニが無事、かごから逃げられているのですね。また、見た感じこのかごは満杯じゃないですか。満杯のところを外側から別のカニが、なかに入ってるカニを足場にしながら登って行って上からかごに入って、餌の鯖を食べちゃう。そういうのがよく見てとれました。

また、かごが船に上がってくるのを映像で見たらわかるんですけど、かごには半分位しかカニが入っていない。恐らく小さなカニが、一〇日のあいだに逃げたからでしょう。そういう状況がこのＲＯＶによる撮影でよくわかりました。

カニかご漁の具体的な工程

図版42が、カニかご漁の一操業の流れです。これは滅茶苦茶、大変です。それもあって、細かく記してみました。出発が夕方のとき、あるいはもっと遅く、夜中のときもありますが、一操業でだいたい一〇時間から一二時間くらいかかります。

・まず、出航します。この日は一六時でした。

・旗竿、「一連」の最も端のやつですね。その旗竿を見つけると揚収します。そこからズーっとかごを揚げていきます。

・一番かご揚収。揚収開始が一八時半です。

・ハッチを開けるとなかが魚倉になっているので、ここにカニをバンバン入れていきます。この箱にカニを詰めるんですね。それをドンドン魚倉へ入れていきます。私たち

図版42

はこのときは実験で乗船していますから、ひとかごずつ写真を撮ります（上段右から二番目の写真）。あとで何匹いるかを数えます。

・一〇〇かごまでの揚収を終了して、六時間くらい経っています。

・すべて終わって、また新たに鯖を付けて、もういちどかごを海に戻します。

・それで帰港します。

・一〇日後、また同じ操業が始まります。

この繰り返しです。いかにカニかご漁が大変かがわかります。年に五〇日しか操業をやらないといっても、一回がこれだけ濃密なので、カニは大切に食べなくてはと凄く思いました。

図版43

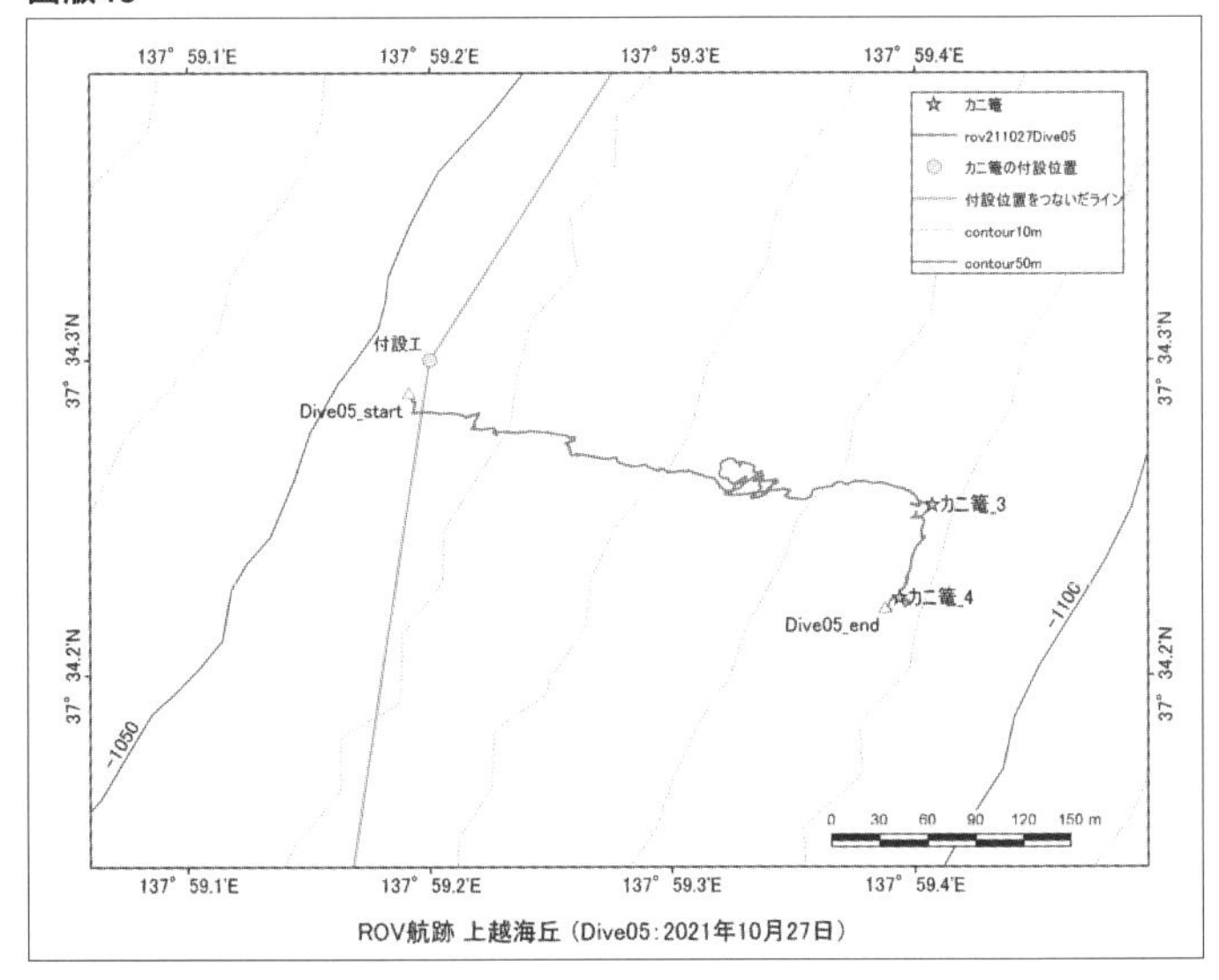

ROV航跡 上越海丘（Dive05：2021年10月27日）

海底のカニかごをどう見つけるか

先ほど海底のカニかごの様子を初めて撮影できたことを説明しましたが、カニかごの見つけ方について説明します。

図版43は海図の部分的なものですが、縦に走っている点線の曲線が等深線（等高線と同じ）です。マイナス一〇五〇と書いてあるところは、水深一〇五〇メートルで、等深線は一〇メートルずつになっています。これが海底の様子です。

あと海図中、左寄りにある縦に走る曲線の実線。これは何かというと、カニかごを投入した位置です。ここを目指して、ROVが下りてきました。それで着底したのがここの「Dive05_start」と記された地点です。「かごはここにある、下りたらすぐ見られる」と思ったのです。そうしたら、思っていたところにない。

図版44

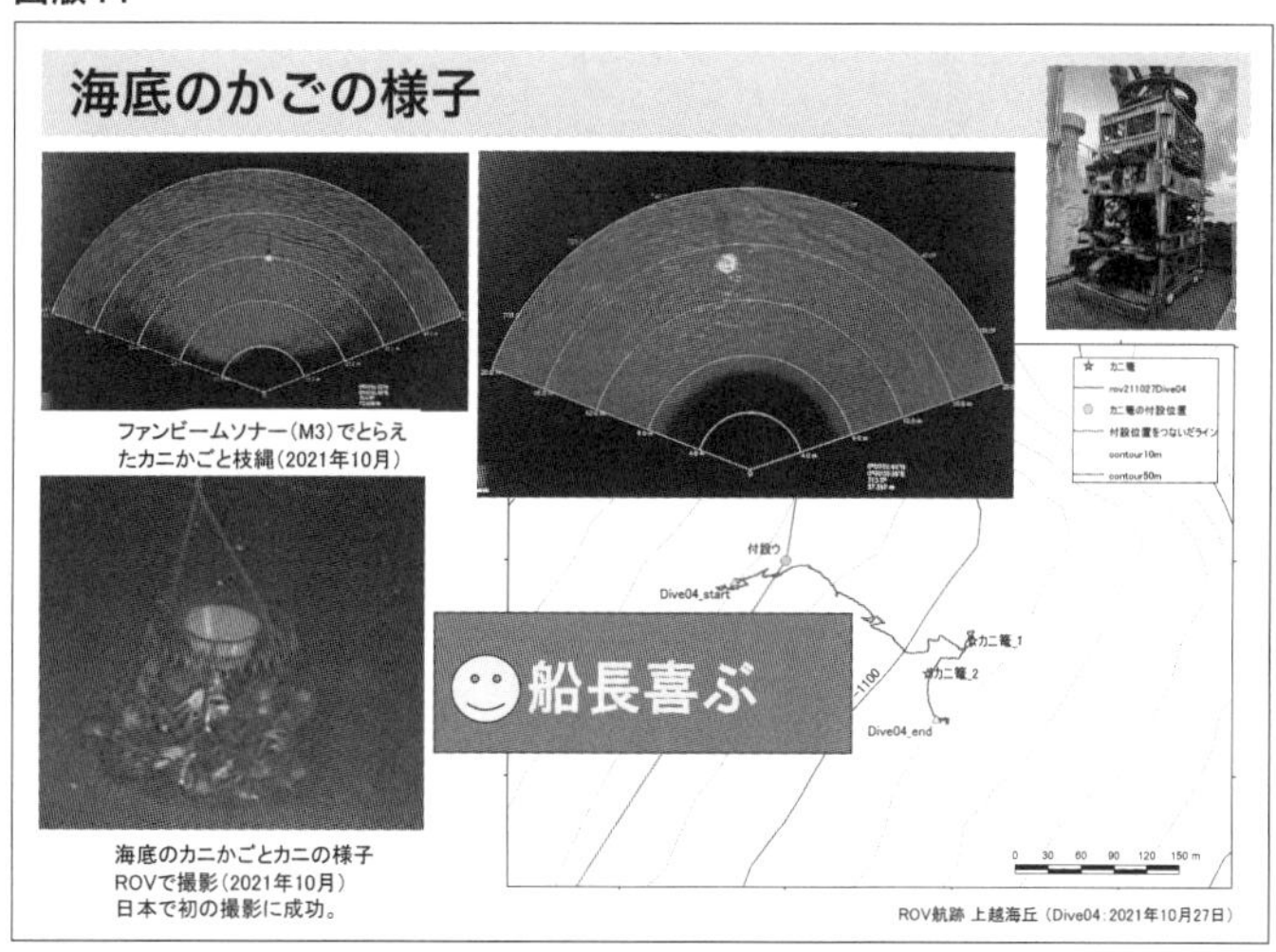

でもよく考えると、船の上から一〇〇〇メートル以上もカニかごを降ろして、真っ直ぐ下に着底するはずはないですよね。途中で海流があったり、船もちょっと動揺したり、それで少しズレているのが当たり前だと理解できました。ただ、ROVが海底に下りてみたら、周りは真っ暗だし、カニかごがどこにあるのか全然わからない。

正直に言って、「わ〜、どうしよう！」と思いました。そのとき、「そうだ！　このROVにはソナーが付いている！」と思い出したのです。「ファンビーム・ソナー」というのですが、ソナーは魚群探知機をはじめ、すべて原理が一緒で、超音波を出して対象の様子を探ります。ただ、このファンビーム・ソナーは、魚群探知機が真下に向けて超音波を出すのとは違って、なんと正面水平に向けて超音波を出すのです。「ファン」というのは扇子のことです。だから扇形のビームを一度に出す。その「ファンビーム・ソナー」で見たら、カニかごが見つかるんじゃない？」と提案して、見たのが、図版44の上にあるふたつの扇形の画像です。

これを見たとき、ものすごく嬉しかったのですが、よぉ〜く見ると、このカニかごにロープがついている影が映っています。だからこれを辿っていけば、次のかごも恐らく見えるということになります。

で、見えたのです。図版44中央上の写真をご覧ください。扇型画像のもとになっているところ、始点部分にROVがいます。つまり、画像の上部方向が正面ということになります。写真からわかるように、正面から一二〇度の範囲が見えます。弧を描くラインの間隔が一〇メートルです。だからこの画像を見て、三〇メートル先の正面にカニかごがあるとわかったのです。

図版43、海図を見てください。不規則に動き回っているラインがROVの航跡です。カニかごがまったく見当たらなかったころは、「無い、無い、大変！」とグルグル回ったりして、ファンビームを活用することを思いつき、「あっ！ 見つけたっ！」となると、カニかごに向けてズンズン進んでいます。さらに近づいたら、図版44中央上の扇形画像を見ていただきたいのですが、弧を描くラインのピッチが4、8、12、16ですから一五メートルくらいまで近寄りました。そうしたら、画像の対象物の真ん中が窪んだ感じで見えませんか？「あっ、これがカニかごだ！」と、ズンズン進んでいって、カニかごを発見し、図版44左下の写真が撮れました。音響機器はこういう利用もできるのです。

この動画を漁盛丸の船長に見せました。船長も海底での様子がずーっと気になっていたそうです。だから船長も大喜びでした。「こういうのはいままでなかったから、とっても嬉しい」と。だからコラボするのは、やはり正しいと、私は思っています。

今年（二〇二三年）は、なんと、カメラをひとつウエタックス社が作ってくれました。最初はスピーカーでした。今回は深海用のカメラです。それをカニかごの口のところに取り付けて海底に下ろしました。そうしたら、カニがかごを上って入る様子がしっかり撮れていました。

かごにカニが全然いないときは中央に鯖がぶら下がっています。「かごの口からどうやってカニが入って、鯖を食べるのかな？」と私もいつも疑問でした。今回かごにカメラを付けたおかげで、それも上手く観察できました。海底では鯖はぶら下がってるのではなく、フワフワとカニかごの入り口より上に浮遊していたのです。それでカニがかごの入り口まで来たらここから余裕でふわふわと浮かんでいる鯖をパクパク食べられるということが今回、カメラを作ってもらったおかげでわかりました。

質問箱に答える「その三」

今日はカニの話、一旦終わりです。

まだ少しだけ時間があるので……と思ってもまた、あと五分くらいしかない。

質問箱に四つの質問をいただきました。これにできるだけ回答したいと思います。

まず、ひとり目の方。

・日本近海のメタンハイドレートの量はいま、どれくらいかわかっているんですか？　どのような会社がこの開発には関係していますか？

メタンハイドレートの量は第二回講演のときに説明しました。

極々小さい「海鷹海脚中部西マウンド」というエリア（面積約二〇〇メートル×二五〇メー

トル＝五万平方メートル（東京ドームの面積とほぼ同じ））に於いて、メタンガス換算で約六億立方メートル（0.02TCF）です。これは日本が使う天然ガス量の二日分くらいがそこに埋まっていますということです。

これを聞いて「えっ？　全体でたった二日分？」と思ってしまう方がおられるかもしれません。でも「たった二日分」ということではありません。この東京ドームとほぼ同じの極々小さいエリアにさえ二日分あるということは、相当凄いことです。

いま、そういうエリアがどの位の範囲で広がっているかというのを調査中です。二〇二三年度が最終年で、結果が出ます。産業技術総合研究所「表層型メタンハイドレートの研究開発」（https://unit.aist.go.jp/georesenv/

図版45

	丹後半島北方（隠岐トラフ）	海鷹海脚・上越海丘（上越沖）	酒田沖（最上トラフ）
<精密地下構造の把握>			
②詳細地質調査（特異点周辺の詳細地形・地質構造探査）	2014	2013	2014
③海洋電磁探査（比抵抗分布の把握）	2015	2014	2017
④掘削同時検層（坑井の物性測定）	2015	2014-2015	2014
⑦高分解能三次元地震探査（精密地下構造探査）	2021	2015	2019
⑦' 地震探査データ詳細解析（BSR・断層等の抽出・解析）	2022	2019	2020
統合処理・解析（三次元地震探査，海洋電磁探査，掘削同時検層）	2022	2017,2020	2020
<地下温度構造の把握>			
⑧熱流量調査（賦存領域下限深度の把握）	検討中	2010, 2022-2023	2020-2021

topic/SMH/index.html）というサイトに報告が都度出ていますので、是非気に留めていただければと思います。

　砂層（すなそう）型メタンハイドレートの量は、愛知県沖だけで、二〇一八年の日本の天然ガス輸入量（二七億立方メートル）の五年分です。

　ほかのところがどのくらいあるかというのは、いま、解析評価中です。これはＭＨ21－Ｓ研究開発コンソーシアムのホームページ（https://www.mh21japan.gr.jp/）を見ていただければわかります。

　どういう実験をしてメタンハイドレートの全体量を把握しているかと

図版46

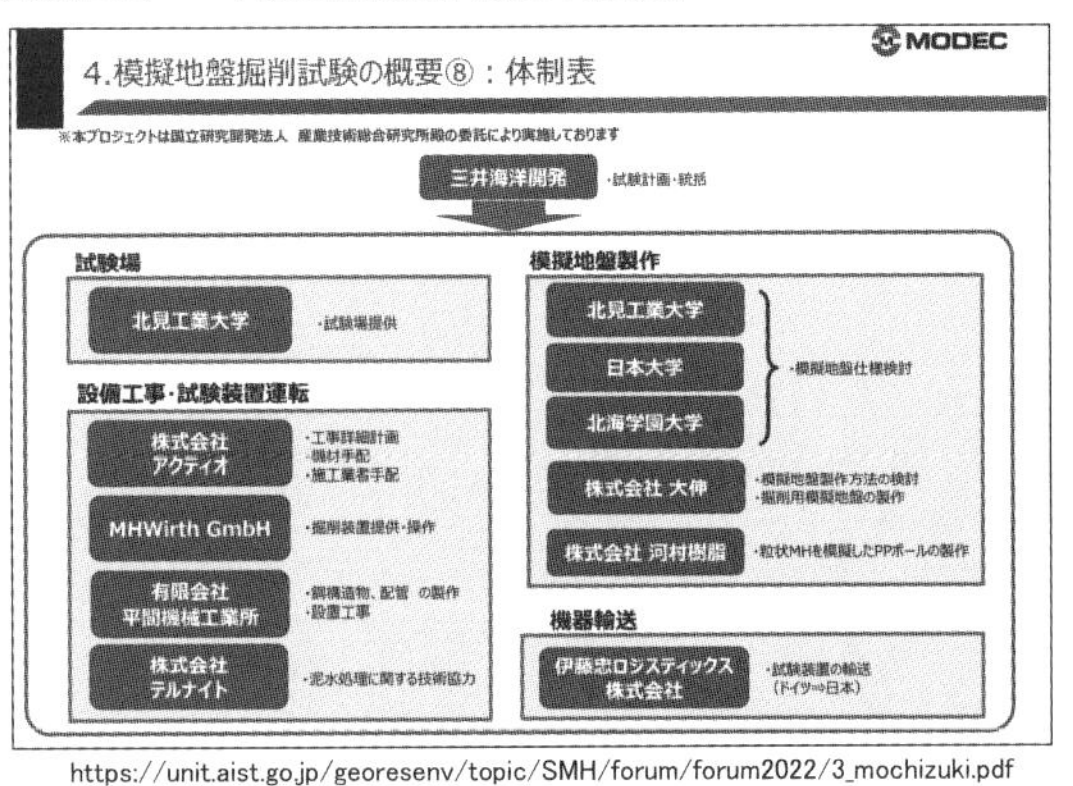

いうと、図版45のように八種類の実験を現場でしています。これは一年間では到底終えられないので、何年にも分けてやっています。二〇一三年ころからこの基礎調査は始まっています。それをずーっと続けていて、例えば、上越沖は来年度までです。これらの基礎調査の結果をすべて総合して推察することになっています。

さて、質問に戻ります。

・どのような会社が関係していますか？　ということです。

表層型メタンハイドレートはいま、回収技術については、三井海洋開発が中心に開発しています。ここに挙げた図版46には、三井海洋開発が先に行った実験で関わった、色々な会社の名前が記されています。

設備工事・試験装置運転、機器の輸送あたりは地元の会社さんです。模擬地盤製作とありますが、このあたりの実験材料を作ったのはほぼ大学です。あと、このほかに清水建設も関わっています。

図版46の上のほうに、太陽工業と記しました。私が研究リーダーを務めているチーム「膜構造物の利活用」で、太陽工業さんは貢献されています。

図版47

**日本近海のメタンハイドレートの量はどれくらい？
どのような会社が関係している？**

【砂層型メタンハイドレート】

- 日本メタンハイドレート株式会社
  オールジャパン（11企業）

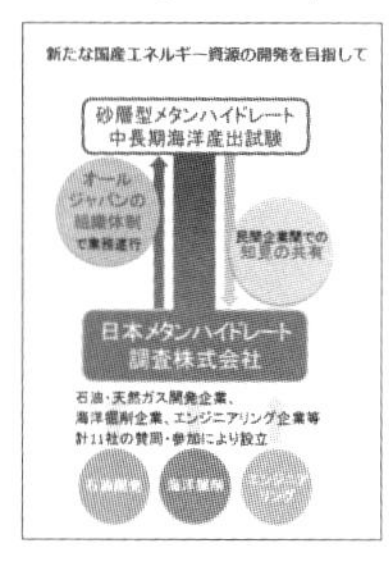

http://jmh.co.jp/corporate/holder/

図版48

前回の質問者からのさらなるコメント：
「高い値段で買わされている事実はない」とのことでしたが、「希望の現場」のP121に高値で買っていると記載されている。その高値の理由に日本の会社、一部の政治家、官僚のつながりも書いてある。

- 「この本を書いた時期は2013年7月で、政府（エネ庁天然ガス課長のコメントのこと）からの回答にあるジャパンプレミアムの時期のことです。なので、本の内容と先日の講演内容と矛盾はありません。
- 「高値で買っている理由に日本の会社、一部の政治家官僚のつながりも書いてあります」とコメントにありますが、ここは理解が間違っています。これらは高値で買う「理由」ではなく、高値で買えばさらに既得権益が潤うという「結果」を説明しています。

砂層型メタンハイドレートのほうは、図版47に記した会社が創られました。日本メタンハイドレート調査株式会社といいます。石油天然ガスの開発企業、海洋掘削の企業やエンジニアリングの企業等一一社で創りました。いま調査をやっていますが、二〇三〇年度を目標に、民間企業に主導権をシフトさせる予定です。そのあとは恐らくここに挙げた企業がリードしていくでしょう。

前回の質問者からさらなるコメントをいただいています。

「高い値段で買わされている事実はない」……これは在来型の天然ガスです。最初のこの方の質問は、「天然ガスを日本がほかの国よりも高い値段で買っていると聞いたが、どのくらい高い値段で買わされているのか?」というような質問でした。これに対して「いまは、高い値段で買わされていることはないですね。ただ、一時期高い値段で、仕方なく先方の言い値で買わされていたことがあります。これを『ジャパン・プレミアム』といいます。それが、東日本大震災のとき。そこから数年間は言い値で買っていました」という回答をしました。これは資源エネルギー庁の幹部から直接いただいたメールを基にしたもので、皆さんにもその文面を紹介しました。

そうしたら、私の書いた本『希望の現場　メタンハイドレート』(ワニ・プラス刊)を読んでいただいたようで、その一二一頁に「高い値段で買わされている」と書いてありますが、これは矛盾しませんかというご質問です。

　そして、「高値で買っている理由。それに既得権益との繋がりが書いてあります」と記されていたので、もう一度私も自著を点検してみました。そしたら、この本を書いた時期は二〇一三年七月です。東日本大震災があったのが二〇一一年ですから、丁度、ジャパン・プレミアムで高く買わされていた時期なのです。

　ということで本の記述と、先日私が「いまは高い値段で買わされていません」と回答したことには、矛盾はありません。

　それから、「高値で買っている理由。それに既得権益との繋がりが書いてあります」というコメントも質問の後半にありましたが、これは「高値で買う」理由ではなく、

図版49

計量魚群探知機の出力はどれくらい？

■釣り船などでよく使われている魚探（水深100mくらいまで探知）

例えば、

FURUNO　FCV628　周波数200kHz　出力600W

■調査船でよく使われている計量魚探（水深1500mくらいまで探知

例えば、

FURUNO　FCV38　周波数38kHz　出力4kW

5ビーム同時送信

例えば、

SIMRAD　EK-80　周波数38kHz　出力500W

出典：古野電気株式会社HP、日本海洋株式会社HP

「高値で買えば、さらに既得権益の人たちが潤っちゃいますよ」という〝結果〟として説明しています。

・次の質問は、計量魚群探知機の出力はどれくらいですか？　ということです。

これは、よく釣りをされる方からのご質問で、「自分たちがよく釣りにいくようなボートにも、魚群探知機がついてるけど、それより出力が凄いんでしょうね？」という質問です。

私は釣りをしませんから、その魚群探知機は見たことがなく、調べました。

私たちは古野電気（ふるのでんき）というメーカーの魚群探知機をよく使用します。一九三八年創業で、兵庫県西宮市に本社があります。古野清孝（きよたか）さんという人が創業者です。図版49右上の写真が釣り船で使われるような魚群探知機です。周波数は二〇〇キロヘルツ、出力は六〇〇ワットだそうです。

上から二番目の写真が調査船でよく使う計量魚群探知機です。ふつうの魚群探知機より深い、水深一五〇〇メートルくらいまで探知できます。例えば、同じ古野電気の周波数三八キロヘルツだと、出力四キロワットもあります。「あっ、凄い。でっかい」と思ったら、この製品は五つの異なった周波数の超音波を同時に送信できるというから、恐らくそれで出力が高い。

私がいつも使っているＳＩＭＲＡＤはノルウェー製です。これは周波数が先ほどの古野電気製と同じ三八キロヘルツですが、出力は五〇〇ワットと低い。そういうことから、深いところまで見るのには、出力の高さよりも周波数の違いが一番大きく影響しているのではないかと、私は推測します。低い周波数は深いところまで、高い周波数は浅いところまでしか届きません。低い周波数は波長が長いので散乱しにくいことから長距離届きます。高い周波数は波長が短いので散乱して、遠くまで届きません。太陽が沈むころの夕焼けと同じ原理です。波長が長い赤い色は遠くまで届きます。

・最後の質問です。この方はかなり専門的で、メタンの相図（そうず）を教えてほしいということでした。

図版50

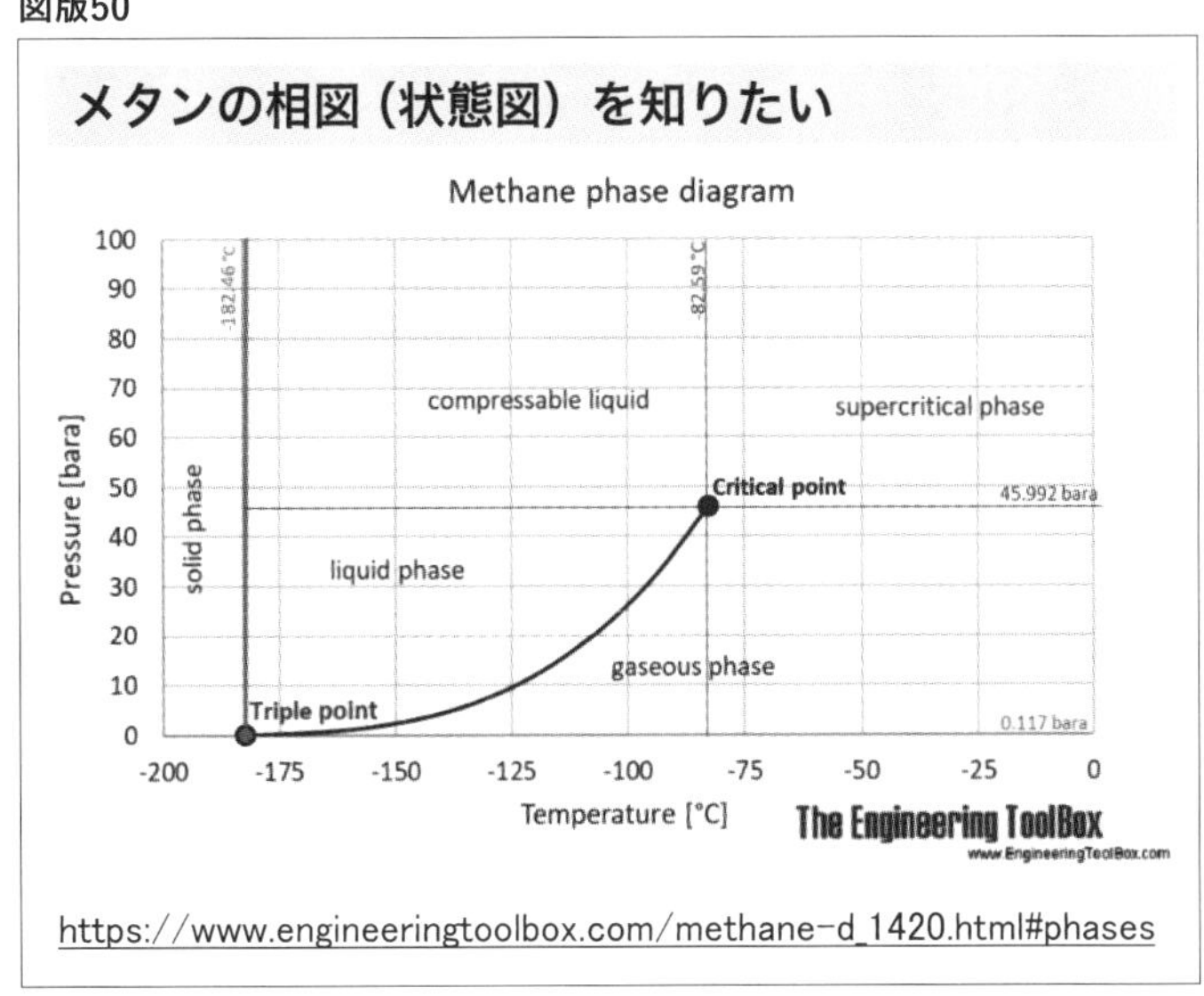

「Engineering ToolBox」というサイト（https://www.engineeringtoolbox.com/）を開いていただき、検索で「Methane」と入力すると、図版50のような図が出てきます。これが相図です。

固体・液体・気体とよく言いますが、化学的には固相・気相・液相、「相（そう）」といいます。英語ではphaseといいます。

それなので「相図」とは、物質がある圧力と温度の条件下で、固体・液体・気体のどの状態にあるかを示した図ということになります。「Engineering ToolBox」に入っていただくと、なんでも自分の好きな物質を調べられるので、ちょっと楽しいです。

図版51はメタンハイドレートの相図で

図版51

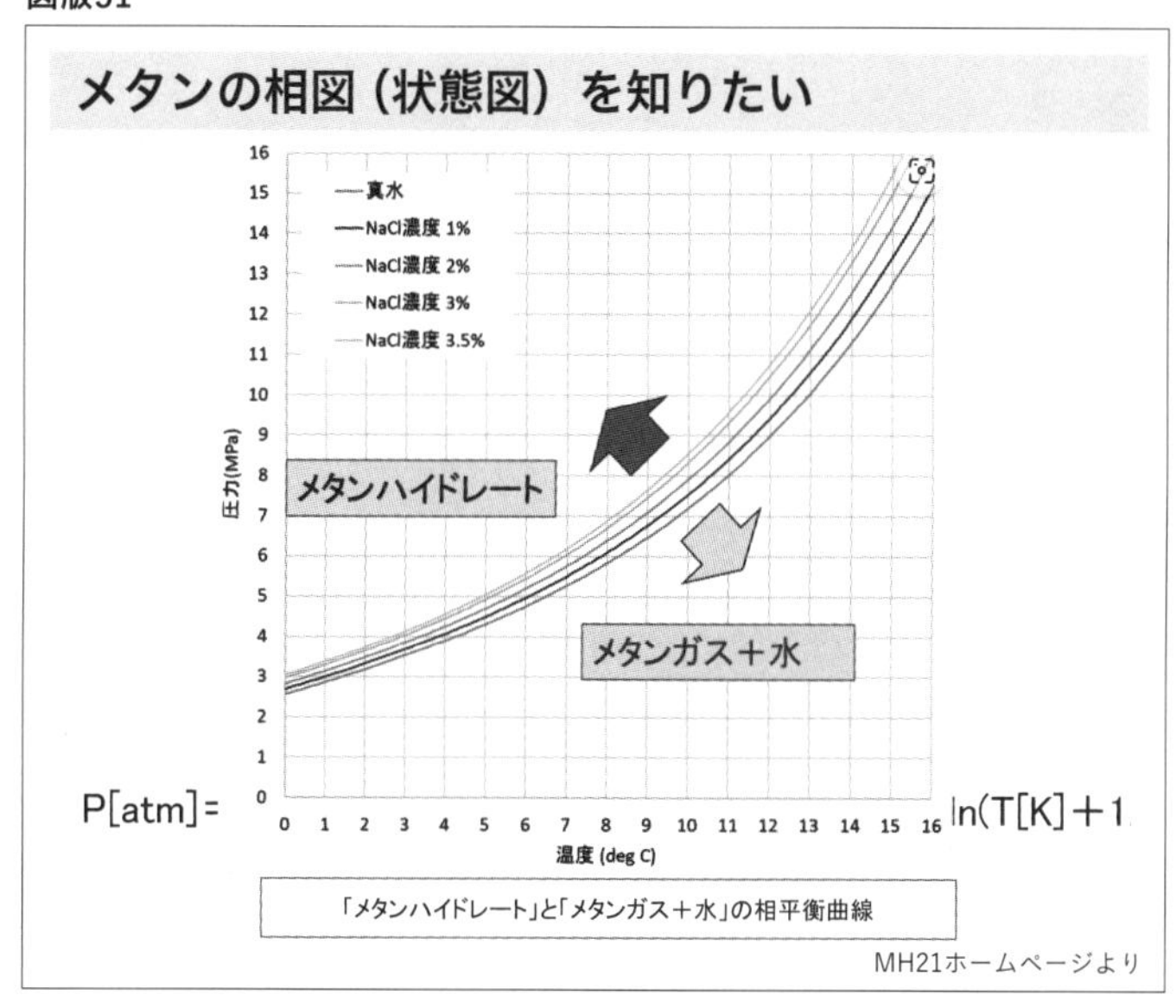

す。ラインが複数あるのは塩分の違いです。

また時間が過ぎてしまいましたけど、今日はカニのお話、カニの漁業者と楽しくコラボレーションしているお話をしました。今週の終わりに第五回講演があると思いますので、またそのときにお楽しみにいらしてください。

今日はありがとうございました。

第五回

あのロシアも変える ニッポンになれる！

二〇二三年一月一九日

皆さんこんにちは。今日もよろしくお願いします。

第五回講演のテーマは政府です。日本政府のメタンハイドレートに対する取り組み方。これがずいぶん変わってきましたので、それについてお話ししたいと思います。

じつは自然に変わったのではなく、私たちがうんとアピールして、それが通じて段々変わっていったのです。

変えられない、埒が明かない政府

どうしてメタンハイドレードに関する研究を、独立総合研究所（独研）が色々自分でやらねばならなかったのかを、図版52に記しました。独研は青山繁晴が創業し、私が三代目社長です。

一番上の行「一度計画したらなかなか変えられない日本政府…」ですが、その通り、日本は一度計画したことをなかなか変更できないのです。一番わかりやすい例が、以前も話した戦艦大和です。建造計画を立て、いざ造ろうとなったら、海軍の戦いの主力が戦艦から航空機に変わりはじめました。皮肉にも日本はその戦術の先駆けで、実際に真珠湾攻撃でその正しさを証明しています。だから大和は戦艦ではなく、多分空母にしなければならなかったのです。それなのに従来の計画通り戦艦として造ってしまったから、あまり実戦で活躍することもなく、出撃機会が少なくて〝大和ホテル〟と揶揄（やゆ）され、そして沖縄戦であっという間に撃沈されてしまいました。

良い面も悪い面もありますが、日本政府は計画したことをなかなか変えられません。

メタンハイドレートの研究や開発についても、そういうことがありました。

第一回講演で私の履歴について触れたときにお話をしましたが、最初にメタンハイドレートと出合ったのは、魚群探知機を見ていて、海底面からブワーッと湧き出してるメタンプルームを見つけたときです。一九九七年のことです。まだ研究生というかたちで大学院在学中でした。ドクターを取った直後です。

それから地質学という異分野とのコラボレーションで、メタンハイドレートを調査研究するようになったのが二〇〇四年です。東京海洋大学の海鷹丸（うみたかまる）を使って、その計量魚群探

図版52

はじめに

一度計画したらなかなか変えられない日本政府・・・

- 2004年に青山らが魚群探知機を使って安価に効率よく日本海側において表層型メタンハイドレートとメタンプルームを発見。
- これを政府として調査し資源として回収することを考えるべきである。と、資源エネルギー庁石油天然ガス課（石天課）に理解を求めてもらおうと思い説明しに行った。

ところが・・・

- 政府は、太平洋側にある砂層型メタハイを調査し自前資源となるならば回収技術を開発しようと計画を立てたところだ。そこに横槍を入れるようなら「国賊」だ。
- もう埒が開かないので、独研は政府への説得（はあきらめない）と並行して独自で活動（調査や普及）し、理解者を増やすことにした。

知機をフル活用し、海底面から湧き出しているメタンプルームを沢山見つけました。

その根本にピストンコアラー、これは筒状の採泥器で、海底に突き刺して一〇メートル程度の深さまでの試料（コア）を採取することができます、それを打つと、沢山メタンハイドレートが採れました。これはメタンプルームの下にメタンハイドレートが沢山埋まっていることの証となり、調査のスピードがグンと上がりました。

通常調査研究を行っているエリア以外に行っても、魚群探知機が大活躍で、どこにどのくらい埋まってるか、表層型メタンハイドレートがどのあたりに埋まっているか――分量はわかりませんが――がわかるようになりました。

国賊事件

そういう事例がずいぶん出てきたので、メタンハイドレートの調査研究については、すでに独研というひとつの会社が自腹でやることではなく、国レベルでやるべきだと確信しました。エネルギー資源のことだからです。ということで、政府にそれを伝えに行ったわけです。

表層型も砂層型も合わせて、メタンハイドレートに関しては、政府のなかでどこが担当していたかというと、経済産業省です。同省に資源エネルギー庁があります。さらにそのなかの石油天然ガス課――私たちは「石天課」と略して呼んでいます――が担当しています。この課は商社のように他国と石油天然ガスの輸入価格交渉などの仕事は非常に得意ですが、資源開発の仕事はしたことがありません。そこで私は、政府への提言書の最後に〈10・資源エネルギー開発部門を統合して「産業エネルギー省」とする〉（図版55〔一八〇頁〕参照）と書きました。その必要があったからです。

二〇二三年七月に「石油天然ガス課」はついに、「資源開発課」に名称が変更されました。その背後には、選挙に出ることを断り続けていた青山繁晴が国会議員となって働きかけていることと、私や独研の長い実績があります。「産業エネルギー省をつくるべき」という私たちの提言に政府が一歩近づいたというか、前進したような気がしてちょっとうれしいです。

「メタンハイドレートなのに、石油天然ガスを担当している部署が担当なんておかしい」と思うのですが、経産省の資源エネルギー庁には、新しい資源を担当する課がなかったのです。メタンハイドレートは溶ければ水とメタンに分かれますから、天然ガスの成分とほぼ一緒だからということで、この課が担当することになったわけです。

話を戻すと、私はこの石天課に説明しに行きました。

ところが、この当時（二〇〇六年くらい）、資源エネルギー庁は、太平洋側に沢山見つかっていた砂層型メタンハイドレートの回収技術を開発しようと決めたばかりでした。一〇年から一二年の長期計画です。

それもあって、「日本海側にもメタンハイドレート、じつは沢山あるんです。砂層型の太平洋側よりも、日本海側の表層型は浅いところに埋まっているから、むしろ採り出しやすいです」というような話をしに行ったわけです。

そうしたら当時の石天課の課長から、「折角計画を立てたところなのに、横槍を入れるようなら、あなたはもう『国賊』だ！」と言われたのです。私のなかでは「国賊事件」として、年表にはいつも書いています。

しかしむしろ、これが政府を変える最初のきっかけとなりました。私は発言の直後、経産省を出て、都内の会合に参加していた青山繁晴を訪ねました。青山は、珍しく涙を浮かべている私にびっくりしたそうです。そしてすべてを聴き取ると、当時の青山は議員ではなくただの民間人でしたが、すぐ資源エネルギー庁長官に直接、電話して「その課長を呼んだうえで、長官室にいてください」と求め、エネ庁長官室へ乗り込みました。

課長は「青山千春先生を国賊と言ったのではなく、私が国賊になってしまうと言った」と、信じられないような言い訳をしました。これを青山繁晴が「馬鹿なことを言うな。キャリア課長が、自分を国賊と言ったりしない」と一蹴し、長官が「青山さん、どうしたらいいですか」と聞きました。青山繁晴は即座に「表層型メタンハイドレートを公平に説明する場を設けてください」と答えました。それが実現し、まさしく最初の一歩になりました。

「これも、一度決めたらなかなか変えられない日本政府の特徴、その典型例だ」と思いました。でもここで怯んで止めたら駄目なので、政府の説得は諦めずにやっていこうと想いを強くしました。

とはいえそればっかりやっていてもいけないので、図版52に「埒が開かない」と記しましたように、色々ほかのことを考えて活動しようと考えました。独自で活動、つまり独研が船をチャーターして、政府がやらないのなら自分たちでもう調査しようと。

あとは国民の理解促進ですね。日本海側にメタンハイドレートというものがあると知ってもらう。それで理解者を増やしていく。そうすると、このなかなか埒が開かなかった政府の態度も、もう少し変わるんじゃないか、聞く耳を持ってくれるんじゃないかと思った次第です。

独研独自の活動――調査

それで、こんな活動、その一部ですけど図版53に記したので、紹介します。

調査活動は勿論政府が一銭もお金を出してくれないので、独研が独自で調査船をチャーターしました。利益は一切出ません。だって売らないのですから。無人潜水機（ＲＯＶ）が付いている調査船は、一日チャーターするのにだいたい四〇〇万円かかります。調査には最低一週間程度が必要なので、約三〇〇〇万円が必要です。そのお金も独研の自腹でした。どうやって出したかと言うと、独研は期末が六月ですが、五月くらいになると利益がおよそどのくらいかがわかります。そこで約三〇〇〇万円を捻出しても、その後生活に困らない、スタッフにも給料を払えるくらいだったら、すぐチャーターするのです。当時の社長は、創業者の青山繁晴です。私は自然科学部長でした。

それで一週間しかありませんが、船を動かして、データをひたすら取っていました。

あとは、JAMSTEC（海洋研究開発機構）、ここは海洋の調査船を一手に引き受けている文部科学省の傘下の組織ですが、そこには、「こういう

図版53

はじめに（続き）

埒が開かないので、独研は政府への説得と並行して以下のように独自で活動し、表層型メタハイ技術開発への理解者を増やした。

- **調査活動その①**：独自で調査船を傭船したりJAMSTECの調査船を使ったりして表層型メタハイを調査してデータを集めて政府へ根拠をアピールした。
- **調査活動その②**：JAMSTECに計量魚群探知機の有効性をアピールし、JAMSTECの調査船に計量魚群探知機を新たに搭載してもらった。
- **調査活動その③**：メタンプルームの調査の重要性を理解してもらう。その結果、調査が実施されることになった（2018年）。

- **理解者を増やす活動その①**：日本海側の自治体の知事（兵庫県、新潟県、京都府）に表層型メタハイについて説明に行き、地域活性化・雇用促進にも効果があると理解を求めて日本海連合を発足させた（2012年）。
- **理解者を増やす活動その②**：和歌山県知事に太平洋側にも表層型メタハイとメタンプルームがある可能性を説明し、共同研究を開始し潮岬沖でメタンプルームを発見した（2012年から現在に至る）。

- **普及活動その①**：わが国初の自前のエネルギー資源であることを国民へ理解してもらう重要性を知ってもらう。当時和歌山県御坊市に建設計画があった日高港新エネルギーパークの中に、メタンハイドレートブースを設けてもらった（2015年）。同じくメタンハイドレート燃焼実験セットも製作する予算をいただいた。このセットは現在全国で出前授業のオファーが来れば持って行って燃焼実験を行い、普及活動に役立っている。
- **普及活動その②**：船の科学館「海の学び舎」「海からの贈り物メタンハイドレート」

独研の独自の活動には、国士といえる多くの官僚の方々が動いてくれて実現した。

研究ありますよ」とプロポーザルを出します。それを受け入れてくれたら、調査船に乗せてくれて調査ができます。その船でデータを取りにいったりもしていました。

ＪＡＭＳＴＥＣの調査船「なつしま（いまはもう退役しています）」も、「ハイパードルフィン」というROVがついていて、それがまたよく働いてくれるのです。ただ残念なことに、「なつしま」には魚群探知機が付いておらず、調査するとき、とても効率が悪かった。そこでＪＡＭＳＴＥＣの船に計量魚群探知機を付けられないものかと思い、民間人当時の青山繁晴がＪＡＭＳＴＥＣのトップに、私が担当部署の人に何回かお願いしました。「こんなにデータが効率良く取れますよ」と、データを見せて理解していただく。これは結論として、実際に計量魚群探知機を付けていただけることになりました。それ以来、調査が本当に効率良く進みました。これが図版53の「調査活動その②」ですね。

「調査活動その③」です。メタンプルームは複数回同じエリアに行っても、必ず出ています。私が行ったときだけ出ていて、あとは出ていないなんていうことはありません。それはメタンだということはわかっています。「ずっと出っ放しって、勿体ないな〜」と思ったのです。それでメタンプルームを調査したいと思った次第です。

なぜ二〇一八年ころにそう思ったかというと、それまでは「メタンプルームは資源じゃないから調査しちゃいけない」ということになっていた。

「それはおかしい。これだけ出ているのだから、まずは最低でもメタンがどのくらい出ているのかを調べないとダメだろう。調べたうえで『資源ではない』と結論を出すのならわかるが、何も調べていないのに、『資源ではない』と決めつけるのはおかしい」と思ったので、そこも猛烈に政府へアピールしました。

結果、「メタンプルームも調査しましょう」となった。ただ、調査した結果、出ているメタンの量が少なかったら、エネルギー資源として意味がないし、環境にも効果的な影響がないから、回収技術等の開発は不要という結果になるかもしれません。それでも石天課のなかに「調査しないと結論は出せないから」と理解してくれた人がいました。それで二〇一八年から調査が始まったのです。

独研独自の活動——対自治体

次に、メタンハイドレートが、表層型として日本海側に沢山あることを、理解してもらう「理解者を増やす活動」です。

このような講演会で皆さんに知ってもらうのは、〈普及活動〉として別のものとしました。「理解者を増やす活動」は、例えば地方自治体等、関係各所にプレゼンし、メタンハイドレートの価値を説明し、研究開発に関する理解を深めに行ったことを指します。

それで「理解者を増やす活動その①」です。青山繁晴・独研代表取締役社長・兼・首席研究員が「政府が動かないなら自治体を動かそう。自治体がまとまって動けば、民間をこうやって軽視する日本の政府でも、動かないわけにいかなくなる」と宣言しました。私もなるほどと思いました。

日本海側の自治体、当時の兵庫県は井戸敏三さんが知事で、新潟県知事は泉田裕彦さん、京都府知事は山田啓二さんでした。もう皆さん交代されましたけど、まずこのお三方に別々に、青山繁晴と私が会っていただき、「じつは日本海には、港から二時間ほど行ったエリアの海底に、メタンハイドレートというエネルギー資源が沢山埋まってます」と説明しました。

知事たちは、メタンハイドレートについては知っておられましたが、陸地からそんなに近いところに沢山埋まっていることはご存じではありませんでした。それで、「もしそのメタンハイドレートを採って、陸地に持ってきて、港で使うようになったら、それは地域を生き生きと再生します。新しい仕事が生まれるから、雇用の促進にも繋がりますよね」とアピールしました。

かねてから日本海側は、地域活性化や雇用促進が凄く大きな課題です。行かれた方はわかると思いますが、商店街はシャッターが閉まっている店ばかりで、昼、街を歩いていても人影がまばらということが日常的だったりしますので、知事たちには研究開発について、すぐ賛成していただきました。

それで「日本海連合」という、日本海側自治体の広域連合をつくっていただきました。「日本海連合」というシンプルで印象の強い名称は青山繁晴が考えました。先ほどのように宣言した当初からすでに、この名称でいくと考えていたようです。正式には官僚的な発想で「海洋エネルギー資源開発促進日本海連合」という長い名称になりましたが、略称はいまでもスパッと「日本海連合」です。日本海側の一府一〇県で構成されています。年に数回勉強会や研究会など開いて、それを基に毎年提言書をつくって、経産省に持っていくというような活動を継続して行っています。

次に「理解者を増やす活動その②」です。仁坂吉伸（にさかよしのぶ）和歌山県知事、この方もつい最近リタイアされましたが、和歌山県知事になる前は経産省の前進の通商産業省の官僚でした。そのため、エネルギー部門にはとても詳しかった。

「太平洋側にもじつは表層型メタンハイドレート、それからメタンプルームもあるかもしれません」と青山繁晴と私で説明しに行きました。そうしたら「それは面白いね！　県民も元気になるよね」ということになって、共同研究を始めることになりました——これはいまでも続いています……と言いたいのですが、仁坂さんから現在の知事に交代して中止されそうで、とても困惑しています。和歌山と日本のためにも続けるべきです。。

紀伊半島の最南端の潮岬沖で、海底から湧き出してるメタンプルームを発見することができました。これは二〇一二年に初めて行って、発見したのです。それから毎年このエリアに調査に行っています。一ヶ所に一〇年以上、行って、データを取っているという例は本当に少ないです。政府の色々な調査もだいたい三年区切りで、予算もそれで終わりです。だから長く続いても三年くらい。でも和歌山県は仁坂知事がとても理解があって、独研も民間企業なのでもう一〇年以上続いてきたというわけです。

長く継続していると、全体の流れが――たった一〇年でも――わかってきます。例えば、同じ地点でも、出ているメタンプルームの分量が多い年、少ない年があります。「それと何か関連しないかな？　関連するものは何かないかな？」と思って調べてみたら、潮岬の付近には南海トラフが走っています。巨大地震が予想されているところです。近くで何年かに一度、地震が起こる場所があります。その地震が起きたときとメタンプルームの高さが低くなったとき、それが微妙に一致してるのです。

いま私は「これは絶対関係がある」と考えています。そしてこれは重大なことです。昨年（二〇二二年）、和歌山県の仁坂知事（当時）に報告しに行きました。「メタンプルームを調べることで地震の予知に繋がるかもしれません。だから継続して研究させてください」と申しあげました。現在のように研究が中断してしまうと、この発見も役に立たなくなります。

エネルギー資源だけにとどまらず、そういう、地震の予測にもメタンハイドレートの調査研究は応用できる可能性があります。これについてはもう少しデータを蓄積させたうえで、学会に発表しようと考えています。

独研独自の活動――対世論

「普及活動その①」ですが。第三回講演で皆さん、海底の映像をご覧いただきました（一〇一頁の二次元コードより視聴可）。あの映像、上手い具合に編集されてましたよね？　じつはあれ、和歌山県御坊市の「日高港新エネルギーパーク」というところで実際に流れている映像です。この新エネルギーパークにメタンハイドレートのブースを独研が作りました。そのときに製作したビデオです。

この施設は二〇一五年に造られたのですが、現在、活躍する発電方式と将来が期待される新エネルギーの紹介等がなされています。全国各地から新エネルギーなどの先進的な利用取組として評価される「新エネ百選」にも選ばれています。メタンハイドレートも新エネルギーのひとつと考えていただき、パーク内にメタンハイドレートブースを設けてもらいました。

じつは同パークをつくる計画は、私があちこちにメタンハイドレートのプレゼンに行っているころには固まっていました。「空いているスペースはないな～」と言われたのですが、トイレの脇にちょっとだけ隙間があったので「ほかのブースをそれぞれ五センチメートルずつずらしていったら、この隙間がもっと大きくなると思います。ここにメタンハイドレートのブースをつくってもらえませんか？」と、私と青山繁晴・独研社長（当時）で交渉をして、ＯＫをもらいました。計画途中からの参入でしたが、つくることができました。

あと日高港新エネルギーパークには、「メタンハイドレート燃焼実験セット」を作らせてもらいました。

メタンハイドレートはとても冷たい物質です。温度が上がると、水とメタンに分かれてしまいます。だから液体窒素のなかに入れておきます。マイナス一九六度です。それをシャーレの上などに置いて、火を点けて燃やします。このセットはこういうものなのですが、予算をいただくことができて、作らせてもらいました。

このセットについては毎年あちこちからオファーが来ています。例えば、様々な学校、あるいは色々な自治体の催しもの、そういうところからメタンハイドレートについて燃焼実験をやってくださいというオファーをいただいたら、どこでも行きます。いまだにオファーは沢山いただいていて、毎年行っています。そういう普及活動もしています。

「普及活動その②」ですが、これは東京都江東区の「船の科学館」のご協力です。いまはメインである「本館」の展示は休止してますが、夏休みになると、「海の学び舎」というイベントを開催します。子供たちを沢山呼んで、夏休みの自由研究のヒントになるようなことをやっています。その一環で「海からの贈り物メタンハイドレート」と題して、私が子供達相手にイベントをやっていました。

こういうのも全部、図版53の一番下に記しましたが、すべて独研が独自にアピールして、実現に至っています。その裏には、ここでは「国士」と記しましたが、私が密かにそう呼んでいる、少なくない官僚の方々が賛同して、動いていただいた結果、実現したのです。

バーゲニング・パワーとリーディング・カントリー

国士についてお話しする前に、こちらにも国士が関わっていたのですが、バーゲニング・パワーについて話します。加えて、リーディング・カントリーについても説明したいと思います。「バーゲニング・パワー」という言葉、たまに聞きますかね？　初めてかな？　日本語にすると交渉力です。とくに国対国だと、貿易関係で、輸入価格の交渉などによく使われる言葉です。

二〇一三年ころですが、当時はやっと日本政府が、表層型メタンハイドレートにも注目して、この生産技術の開発を始めることが世界的に発表されました。そのころ、経産省の石天課がロシアとの天然ガス輸入価格交渉——石天課はこういうのはお手の物です——に行きました。そして、当時の石天課の課長（国賊発言の当時の課長とは別。キャリアの課長はどんどん交代します）がほんとうに帰国したばかりの公式の場で、「わが国が日本海のメタンハイドレートの生産技術開発に本格的に乗り出したこと。それがロシアとの天然ガス輸入価格交渉に有利に働き、ロシアのプーチン大統領が値段を下げてきました」と言ってくれました。これは凄い話で、技術の完成前にすでにバーゲニング・パワーに有利に働いたことを、政府が認めたのです。同時に、それだけ政府が注目して「きちんと最後まで、生産技術が出来上がるまで開発しますよ」という意気込みを、この言葉のなかに示したことになります。これは本当に嬉しかったです。

事実、いまはこれからもう一〇年ほど経っていますが、着々と開発が進んでいます。二〇二七年度に政府から民間企業へ降ろすという目標に向けて頑張っています（コロナの影響があり現在は二〇三〇年度に修正されています）。

それから第三回講演で少しお話ししましたが、インドのベンガル湾、いまちょうどにっぽん丸が通ってるくらいのところかな?…あたりで、海底の下にどうやらメタンハイドレートが沢山、埋まってるらしいということがわかりました。ただインドは、探索する技術も、回収して船の上に持ってきて分析する技術もなければ、資源として採掘する技術もありませんでした。

それでインドは、世界中に募集をかけ、より良い方法を知っていて、値段もそんなに高くないような国と組もうと考えたと推察されます。そして国際入札となり、ここで日本が落札しました。この事実は、メタンハイドレート研究開発の技術では、日本が世界のリーディング・カントリーであるということを示していると思います。実際、アメリカの報道を見たら、「日本がこのメタンハイドレート研究に関しては、リーディング・カントリーである」と明確に記されていました。

しっかりしてほしいマスメディア

しかしながら残念なことに、日本の新聞ではほとんど書かれておらず、前に言いましたけど、本当に小さな一〇行にも満たないベタ記事でした。「落札しました。今度『ちきゅう』という船がインド洋に行きます」程度です。国民には真の意味が分かりません。

「ちきゅう」はＪＡＭＳＴＥＣが運営管理しています。ＪＡＭＳＥＣは何かあると、マスコミに対してプレスリリースを出します。そこには事実しか書いてありません。「ＪＡＭＳＴＥＣ　ちきゅう　インド洋」等でインターネット検索をすれば、リリースがヒットすると思いますが、二〇一五年二月一八日に、こんなリリースが出ていています。

『地球深部探査船「ちきゅう」は、インド共和国沿岸海域においてメタンハイドレート掘削調査のため、現在インド洋に向かっています。この事業はインド共和国のＯＮＧＯ社（Oil and Natural Gas Corporation Limited: インド石油ガス公社）が実施する資源開発に関連した調査を、日本海洋掘削株式会社（ＪＤＣ）が受託し（２０１５年１月28日発表）、海洋研究開発機構は日本海洋掘削株式会社との資源掘削契約に基づき、地球深部探査船「ちきゅう」を供用しています。

「ちきゅう」の活用は、大水深域での掘削技術やメタンハイドレート分析技術の経験と蓄積を目的とするとともに、船上にて海洋研究開発機構の研究者が、インド共和国の研究者・技術者の指導・支援を行い、日本の科学技術外交上での貢献が期待できます』

ここには「メタンハイドレート掘削調査をやります」という事実関係しか書いてありません。このリリースを見ただけで、取材らしい取材もせず新聞記事を出してしまっているのです。

第一回講演から言いつづけていますが、これまで私たちは「日本にはエネルギー資源がない」と教わってきたのに、ここでメタンハイドレート開発のリーディング・カントリーであることが明確になったのです。ということは、もし技術が完成したら、日本の技術を全世界に売れるわけです。アメリカの石油メジャーみたいになるのですよ！　こういうところまで考え、取材で裏付けしたうえで、記事を書いてほしかった。そしたらもう日本人、みんな元気になりませんか？

ある人などは、私がそういう話をしたら、「えっ⁉　もしかしたらブルネイみたいに税金なくなるかも？」と言ってました。「新潟県だけとても裕福になるかも」と想像しただけでも楽しい、元気になる。

そのあたりのこと、記者さん、今後、よろしくお願いしたいと思います。ここには記者の人、ほとんどいないと思いますが、もしお知り合いにいたら、「メタンハイドレートの可能性って凄いのよ」と、是非教えてあげてください。

もうひとつ申しておきます。

先ほど、石天課の課長（当時）が「公式の場」で「政府が日本海のメタンハイドレート開発に乗り出しただけでプーチン大統領が天然ガスの値段を下げてきた」と明かしたという話をしました。その「公式の場」とはどこでしょうか。

これは、新潟県で開いた日本海連合の公式フォーラムだったのです。壇上には日本海連合の提唱者である青山繁晴（当時は独研社長）もパネラーとして居た場で、会場には各新聞社が地方紙も全国紙もいて、NHKも民放もいて、共同通信もいて、この重大な発言を、ただのひとことも報じなかったのです。

日本のマスメディアは、間違ったことを報じるだけでなく、報じるべきをわざと報じないという恐ろしい病もあります。

「ちきゅう」という探査船

JAMSTECの地球深部探査船に「ちきゅう」があります。この船は凄く大きくて、総トン数が五万六七五二、全長が二一〇メートルあります。真ん中に特徴的な櫓（やぐら）があります。これは一〇〇メートル強あります。

ただ、この船は傭船料（ようせんりょう）がバカ高いです。私が使っている船は、一日三〇〇万とか四〇〇万円ですが、これは一日で一億円もするのです。ちょっと「うっ」となります。でも、それには理由があって、この船は、なんとマントルまで掘れるのです。まず二五〇〇メートルの海底まで楽々掘削する機械を持って下りて、そこから七〇〇〇メートル下まで掘削できるというのです。

そんな深いところまで到達したら、船はじっとしていなければなりませんが、船は浮いているからそれは大変難しいですよね。でもこの「ちきゅう」は「そんなの問題ありません。じっとできます」という凄い船です。だから造るのにお金がかかったし、傭船料も高い。

国士が活躍してくれる——経済産業省

さて、『国士』の話です。そういう人たちに焦点を当ててお話ししたいと思います。

普通、国士というと、自分の命を国に捧げるみたいなイメージを持たれると思います。辞書を引くとたしかにそう書いてあります。ただ、私がいうのはそういう意味ではなくて、図版54に記しました。

「私利私欲のためではなく国民のために尽力する」

こういう意味で使っています。

私利私欲ではなく、本当に国益、国益というとまた「右翼！」と言われてしまうのだけれど、右翼なんてことは全然ないですよね、国のためになることです。国のために働いてくれる方が、どの世界にも必ず何人かはいらっしゃるんですけど、意外でしょうが、中央官僚に確実にいらっしゃいます。

理解力のある方が多いですから、私が私利私欲で動いてるのではないとわかったら、お互い腹を割って話をしてくれます。本来は中央官僚になる人たちは、国家試験を受けて入省するとき、高い志を持っておられます。「国のために働いて、国民の生活をもっと良くしよう！」と決意して入省する人

図版54

国士…私利私欲のためではなく国民のために尽力する、という意味で。

- 経済産業省資源エネルギー庁石油天然ガス課：今まで輸入しかやってこなかった。メタンハイドレートを国産資源として生産技術の開発から始めることになった。腹をくくった国士たち。
  - 表層型MHも調査を開始してくれた、バーゲニングパワー（当時の課長、2013年）
  - メタンプルーム調査を開始した（当時の課長、2018年-2023年）以前はプルームは範囲外
  - 使い道まで言及、メタンハイドレートから水素を作る方針（当時の課長、2022年）
- 文部科学省海洋研究開発機構（Jamstec）：
  - 地質中心の調査船に計量魚群探知機をつけてくれた（当時の部長、2008年）。
  - 熱水鉱床調査にも計量魚探を使ってくれ青山が調査に参加（当時の部長、2013年）。
  - 北極域調査船に計量魚探を搭載してくれた（当時の理事、2021年）。
- 和歌山県（仁坂知事）：太平洋側でメタンプルームの調査を2012年から現在に至るまで実施してくれている。（2012年）
- 新潟県（泉田知事）・京都府（山田知事）・兵庫県（井戸知事）：意義に賛同して海洋エネルギー資源開発促進日本海連合を立ち上げてくれた。（2012年）
- 既得権益側（社長）：メタハイへの理解を示してくれた。（2016年頃）
- 船の科学館（学芸部長）：普及活動への協力。

はかなり多いと思います。だけど、何年間も仕事をしていくうちに、自分の出世が大事だったり、利権が見え隠れしたりして、利己的な人が増えていってしまうのですが、元々は高い志をもっていた人がいるので、こちら民間の取り組み方、出方によっては目覚めてくれる場合がある。その例をいくつかここで述べます。お名前は皆、伏せておきます。

まずは経産省エネ庁石天課（現・資源開発課）の人たちです。二〇一三年当時の課長さんは公式にバーゲニング・パワーのことを言ってくださった方です。この方が表層型メタンハイドレートにも予算を付けて、国として研究するべきだと決めてくださいました。それで、翌年から調査が始まりました。

ふたり目は、二〇一八年当時の課長さんです。私がいつも調査しているメタンプルームですが、当時は量が多いか少ないかわからないまま、放置されていました。この課長さんは「量が多いか少ないか、計測・調査しなきゃわからないじゃないか」という私の訴えを、何度も意見交換したうえで理解してくれました。ではその計測・調査を開始しましょうということになって、いままさにやっている最中です。昨年（二〇二二年）・一昨年（二〇二一年）と計測・調査に行って、来年（二〇二四年）もう一度計測・調査をします。じつは、その前から準備的な取り組みが始まっていましたから、それを合わせると合計五年間です。

これでメタンプルームがだいたいどのくらいあるか、回収するべきか、放っておくべきか、その判断をするのが二〇二四年度になります。繰り返しますが、それまでメタンプルームは予算も何もつかない。実験等しても報告書には書いてはいけないということでしたが、お蔭さまで昨年から、堂々と報告書等に書けるようになりました。

三人目は、二〇二二年当時の課長さんです。現下、メタンハイドレートの回収技術開発を一生懸命やってますが、回収して採れたものをその後どうするかを、石天課の皆さんは考えていないのです。その点についても意見交換したところ、この課長さんは「わかりました。来年度から使い道まで言及して、そこにも予算をつけて検討を開始します」と言ってくれました。

その方によれば「メタンハイドレートから水素をつくる」ことにいきなりシフトしたらどうだろうかということで、こちらについても乗り気になっています。

水素をつくるのは政府の方針ですでに決定していますが、何から水素をつくるのかというと、「褐炭（かったん）」という、水分や不純物などを多く含む、品質の低い石炭の活用を考えているようです。褐炭は乾燥すると自然発火する恐れがあるため、輸送に向いていないとされています。そのため未利用資源となっているのですが、これをオーストラリアから輸入する方向で調整されています。

資源の素を輸入してはいけません。皆さんも輸入に頼ったらダメだということはよくわかりますよね。ウクライナで戦争があって、エネルギー資源が高騰しています。また、随分遡（さかのぼ）りますが、先の大戦の原因のひとつも、当時の日本がエネルギー資源を輸入に頼っていたので、それを狙われ、断たれたことです。

こういう歴史的事例からも、輸入だけに頼ってしまってはダメということがよくわかります。そこを自前の資源、メタンハイドレートは自分たちの排他的経済水域のなかにあります。それからも水素がつくれます。これはやっておかなきゃダメです。そうするといざというとき、例えば補給路をすべて断たれても、自分のエリアだけで生活していけます。こういう対策をしておくことを「エネルギー安全保障」といいます。

この課長さんは「そういう（＝メタンハイドレートから水素を生産する技術開発を検討する）方針にします」と言ってくれました。皆さん、石天課の課長さんは話せばわかってくれる国士なのです。

国士が活躍してくれる――文部科学省

それから文部科学省です。ＪＡＭＳＴＥＣの方々です。

ひとり目はＪＡＭＳＴＥＣの船に計量魚群探知機を付けて下さった、二〇〇八年当時の部長さんです。この人には本当に感謝をしております。私が研究を始めたのが二〇〇四年ですから、ほんとうに最初のころです。ＪＡＭＳＴＥＣの船に計量魚群探知機を付けていただいたお蔭で、メタンハイドレートの研究はグンッと進みました。

これも以前話しましたが、東京海洋大学の船には高性能の計量魚群探知機が付いていますが、無人潜水機（ROV）がありません。そのため海底の様子を見に行くことができません。他方、JAMSTECの船にはROVが付いています。だから計量魚群探知機を付けたら、鬼に金棒です。

ふたり目の方はどんな方でしょうか。

二〇一三年のことですが、私はJAMSTECに「魚群探知機を使ったら、メタンハイドレートやメタンプルーム以外にも、色々使い道がありますよ」とアピールしに行きました。そうしたら当時の部長さんが、やはり理解してくれました。

具体的にどういうことかというと、南西諸島と琉球列島の北西側に位置する沖縄トラフで、これから熱水鉱床の調査を始めるところだったのです。魚群探知機は勿論、熱水も見ることができます。そして見事、熱水鉱床を魚群探知機で探し出せて、三年間の調査を行うことができました。

三人目の方は、北極域調査船に関してです。これはなかなか皆さんにお話しできていない、ペンディング状態が続いている北極海航路についてです。じつは約六五〇億円かけて、二〇二一年度から砕氷器などが付いている調査船を造りはじめています。約六五〇億円かけていますが、その計画を見せていただいたとき、音響機器のところのどこを見ても、計量魚群探知機が付いていなかったので、「ちょっと待ってください。計量魚群探知機を付けないと駄目ですよ」という話をしました。

「計量魚群探知機があれば、北極海の下の魚群も見ることは勿論、できます。また海底からメタンプルームがいっぱい出ています。気温も水温も低いから、水面から直接、大気中にメタンが出てしまっているケースもあります。当然、環境面も考えられるのでしょうから、計量魚群探知機を付けておかないとのちのち大変です。あとから付けると手間が凄くかかります。最初の計画のときに付けてしまいましょう。そのほうが楽ですから」とアピールしたところ、なんと計画を変更して計量魚群探知機を搭載してくれました。

この調査船、二〇二六年から実際に運用される予定だったと思います。二〇二一年当時の理事、こちらは課長ではなく理事さんです。理解のある方です。そして現在でも同じ理事です。

国士が活躍してくれる——自治体と既得権益側

和歌山県は、仁坂元知事ですね。先ほど申し上げました。あと新潟県、泉田知事は国会議員になりましたね。京都府の山田知事は引退して、京都産業大学の先生になっておられます。兵庫県の井戸知事も引退されましたが、この皆さんで、正式な名前は、海洋エネルギー資源開発促進日本海連合、略して日本海連合という自治体の連合体を立ち上げていただけました。メタンハイドレートの開発に連帯してくれたのです。

あと図版54の下から二行目、「既得権益側」と記しました。じつはこれは石油会社、元は国営で今は民営化された大きい石油会社です。そこの幹部があちこちの会合で「メタンハイドレートなんてエネルギー資源にならん」と言ってるらしいというのを小耳に挟みました。

このような地位のある人がそういうことを言ってしまうと、聞いた人は本当に「そうなのか」と思ってしまいますよね。それはよろしくないので、この幹部に青山繁晴独研社長（当時）と説明しに行きました。「誤解されてるんじゃないかな？」と思って。そうしたらやっぱり誤解されていました。

それで、表層型メタンハイドレートというのは日本海の浅い所にも海底の下の浅い所にもあること、砂層型メタンハイドレートは少しだけ深い所だけど、広域で存在していること、両方とも排他的経済水域の中にあること、だから自前の資源なんだという話、それから、表層型も砂層型も回収技術の開発に国が中心になって乗り出していること、すべて話しました。

そうしたら、とても理解していただきました。図版54に「メタハイへの理解を示してくれた。」と記しました。第三回講演のとき、砂層型メタンハイドレートの説明で、日本メタンハイドレート調査株式会社という法人を一一社で創ったという話をしましたが、なんとこの方は、その初代社長になられました。

それだけ理解してくれて「メタンハイドレート、ガンバロー！」ということで、社長になってくれました。いまでは物凄い良き理解者です。こういう方も、私から言うと国士なのです。

それから、船の科学館の学芸部長。この方は東海大学のご出身で、水産関係をやっておられました。そのため、世代は私よりちょっと上ですが、話がよく合います。

じつは先に触れた「船の科学館」でのイベントはこの方のご提案です。メタンハイドレートをこれからのエネルギー資源と見なせば子供が元気になりそうだし、普及活動の一環としてもいいから、夏休みにイベントをやりましょうということになりました。イベントではメタンハイドレートの燃焼実験もやりました。その様子は下の二次元コードを読みとって見ていただけます。

こういう国士が何人もいて、随分とメタンハイドレートの調査が進んでいきました。

民間委譲は二〇三〇年という目標ですから、もう少しです。これら政府の活動を皆さん、注視していただきたいと思います。

経済産業大臣に提言——その多くを実現してくれた

図版55に、「経産大臣へ提言した」と記しました。

右上に『科学者の話ってなんて面白いんだろう』の書影を載せましたが、その理由を話す前に、この本について説明させてください。

私はメタンハイドレートを水中音響学という立場から研究してます。じつはメタンハイドレートは新しい学問なので、色々な分野の研究者が関わっています。例えば、地盤工学です。メタンハイドレートを採ったら、地盤が崩れてしまうのではないかということを調べたり、あと石油工学。メタンハイドレートを掘っていったら、パイプに砂が詰まってしまうのではないかとかですね。それから、メタンハイドレートの分子構造そのものを研究してるよ

図版55

経産大臣へ提言した
(2017年4月13日)(2018年2月15日)

太字は実現、または現在継続中。

【骨子】

1. **エネルギー資源をめぐる新しい日本の姿、漁業従事者との連携を考える**
2. 地産地消エネルギーとして、まずは日本海側の各地でメタハイ・バスを走らせる
3. メタンハイドレート由来のガスを基幹エネルギーとして、パイプラインを産地から首都圏、京阪神まで構築する
4. **研究者・技術者の人材育成の予算を計画的にたてる**
5. **表層型メタンハイドレートの資源量の評価手法を確立して資源量評価を行う**
6. **メタンハイドレートの物性研究を継続する**
7. **表層型**メタンハイドレート**生産方法の検討を本格化させ、確立し、生産試験を実施する**
8. **砂層型**メタンハイドレート**生産方法を確立する**
9. **国民の理解のために、国民への発信方法を改革する**
10. 資源エネルギー開発部門を統合して「産業エネルギー省」とする

図上　青山千春著「科学者の話ってなんて面白いんだろう」
図中　提言内容をレクチャーした後、提言書を手渡した
図下　左から、4年学生中山、世耕大臣、青山千春

うな人もいます。ほんとうに様々な分野の人がいるので、ではそういう人たちにインタビューをしようと考えて、二四人の研究者へのインタビューがこの本に載っています。

科学者同士の対論なので、一般にはわかりにくいところが沢山ありました。それをプロフェッショナルな作家でもある青山繁晴が徹夜を重ねて、全部、書き直してくれました。青山繁晴には専門知識もあります。

この本の原稿を書き進めるには、二四人の考えなどをまとめる必要があります。それを進めていくうちに「こういうことをしたらもっと良くなるんじゃないかな?」とか「こうすれば研究の効率が上がるんじゃないかな?」とかいうのが、あぶり出されてきました。それでまとめたのが一〇項目の提言です。

じつはこの本のあとがきにその一〇項目を書きました。だからここに表紙を載せた次第です。あとがきにはこの一〇の項目を政府に提言しにいくというところで終わっています。

その提言の結果を図版55に記しました。本が出たのは二〇一七年五月ですが、印刷が終わってすぐに経産大臣にアポを入れ、二〇一七年四月一三日に会いに行きました。一〇項目すべてを細かくレクチャーして、このうち、太字になってるものがすでに実現しているか、現在まだ継続しています。一〇項目のうち七項目です。

1. エネルギー資源をめぐる新しい日本の姿、漁業従事者との連携を考える
2. 地産地消エネルギーとして、まずは日本海側の各地でメタハイ・バスを走らせる
3. メタンハイドレート由来のガスを基幹エネルギーとして、パイプラインを産地から首都圏、京阪神まで構築する
4. 研究者・技術者の人材育成の予算を計画的にたてる
5. 表層型メタンハイドレートの資源量の評価手法を確立して資源量評価を行う
6. メタンハイドレートの物性研究を継続する
7. 表層型メタンハイドレート生産方法の検討を本格化させ、確立し、生産試験を実施する
8. 砂層型メタンハイドレート生産方法を確立する
9. 国民の理解のために、国民への発信方法を改革する
10. 資源エネルギー開発部門を統合して「産業エネルギー省」とする

普通こういう提言書は形だけで終わります。「大臣に提言しに行きました」という写真などがあるだけで、実際には動いてくれないのですが、このときの経産大臣は、世耕弘成（せこうひろしげ）さんという和歌山県の参議院議員です。世耕家は近畿大学を創った一族で、弘成さんはいまも理事長ですが、とても深く理解をしていただけましたので、この提言の一〇項目すべてを石油天然ガス

課におろしてくれました。それでどんどん実現していったというわけです。

一番目の「エネルギー資源をめぐる新しい日本の姿、漁業従事者との連携を考える」ですが、第三回講演でお話ししたように、カニかご漁業者たちとの連携を実現しました。これも、政府の予算で動いているのです。政府が認めたということで、今後も継続していきます。

ちょっとふたつ飛ばして四番目の「研究者・技術者の人材育成の予算を計画的にたてる」です。

これはどういうことかと言うと、じつはメタンハイドレートに限らずなのですが、若手の研究者が少ないのです。とくにこういう新しい学問は顕著です。職がないからです。

政府や大学などが人材を公募しますが、そのほとんどが期間限定なのです。例えば、「三年間限定で研究員募集します」とかです。三年間となっているのは、だいたい国の予算が三年ごとに変わるからです。折角研究員になれても、二年目の後半には「来年で終わるけれど、次、どうしよう」と考えて、研究に集中できません。次の職探しをしなければいけませんから。ゆっくり研究ができないのです。

定年が例えば六五歳だったら、一旦入ったら、それまでずっと研究できる。そういうふうにしたら、メタンハイドレートの研究だって極められます。それだから私は「研究員はパーマネント（期限なし）にするべきだ」と提言しました。そうしたところ、産業技術総合研究所（経産省傘下の研究所）が、二年前からパーマネントの研究員の募集を始めました。

これは画期的で、いままでメタンハイドレートを研究してる学生さんが、職がないためにメタンハイドレートは何の関係もないところに就職したり、あるいは研究自体諦めて、違う分野のところに移ったりしていたのですが、そういう人たちに明るい道が開けたのです。今後も定期的に続けていっていただけるということなので、ほんとうによろしくお願いしたいと思っています。

五番目。「表層型メタンハイドレートの資源量の評価手法を確立して資源量評価を行う」です。

ここのところはいまやってる最中です。二〇二三年度に確立して、評価を行う予定です。そういう段階まできています。

六番目。「メタンハイドレートの物性研究を継続する」です。

恐らく石天課は輸入価格の交渉ばかりやってたから、研究分野の雰囲気がわからないのでしょう。物性研究はいわゆる基礎研究ですけど、最初に何年間かやって終わりではありません。予算は少なくてもいいから、継続しないといけない。そういうことは『科学者の話ってなんて面白いんだろう』を書いているときに、基礎物性の先生たちから沢山、言われました。「学生がもういないんだよね」という話も聞きました。これも予算を継続していただけています。

それから七番目。「表層型メタンハイドレート生産方法の検討を本格化させ、確立し、生産試験を実施する」です。

生産方法の検討は本格化してます。確立もほぼしています。生産試験を実施する、これは、二〇二二年度、水槽でやりました。二〇二三年度はいよいよ、海で実験をやる手はずとなっています。随分進んでいるでしょ？

八番目。「砂層型メタンハイドレート生産方法を確立する」です。

いまアラスカで米国と共同研究して、陸上で試験をしています。本当は水中でやるべきですが、陸上でやったほうが壊れたりした場合、都合が悪い所をすぐ確認に行けます。生産方法はいい段階までできています。二〇二三年度、また愛知県沖で生産試験をやることが決まっています。

それから九番目。「国民の理解のために、国民への発信方法を改革する」です。

これについては「ホームページ等を充実してください。わかり易くしてください」と言いました。結果、二年前に新しいホームページが出来ました。

残りの細文字のところはまだ始まっていません。が、一〇番目はその兆しかもしれないことが起きていると先に述べました。

進む表層型メタンハイドレートの開発

図版56は表層型メタンハイドレートの開発に向けた工程表です。こういうのは政府が示すのですが、説明してると「あっ、つまんない」と思ってしまいますよね。ではなぜこれを載せたかと言うと、表層型メタンハイドレートということで単独でこういう一枚のペーパーが出来たからです。これは初めてのことで、いままで単独で書かれたことがなかったのです。

右側に吹き出しで「国賊から10年」と記しましたが、二〇一六年からやっと、国の予算で実施されているのです。因みにこういう表を見るとき、その天地が大体、予算の規模と比例していると考えて

図版56

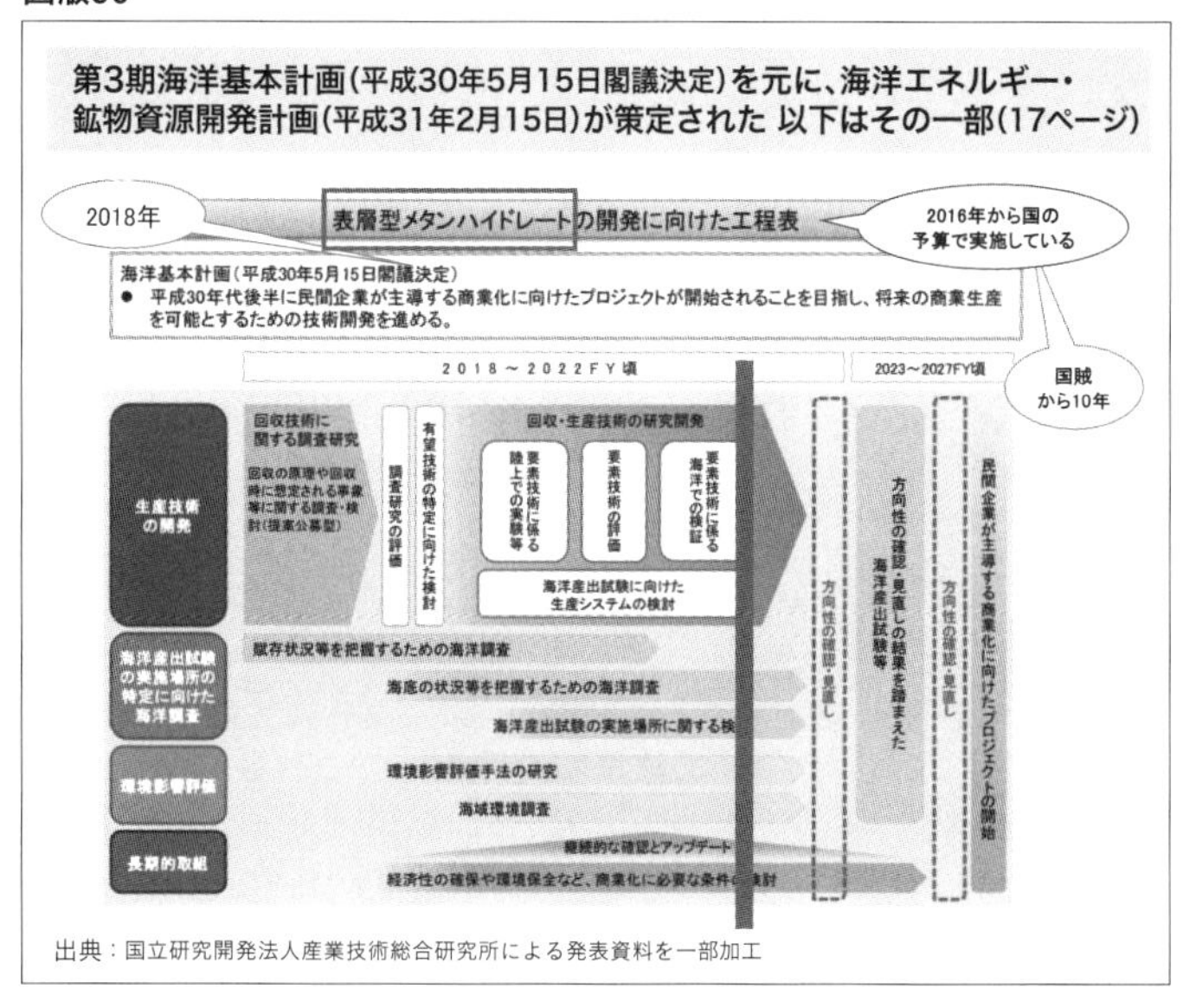

出典：国立研究開発法人産業技術総合研究所による発表資料を一部加工

図版57

出典：国立研究開発法人産業技術総合研究所による発表資料を一部加工

図版58

出典：国立研究開発法人産業技術総合研究所による発表資料を一部加工

ください。例えば左側の「生産技術の開発」はこれだけ長いので、一番予算がついています。下にいくほど少なくなっていきます。

図版57の左上が、研究代表者を私が務めてさせていただいている、「膜構造物の利活用」ですが、これもやっと国の予算がついて、実施しています。それから下のメタンプルームの調査。これも国の予算で二年前から始まっています。

でも図版58に「まだ安心できない」「何か足りなくない!?」と書いたのは、国士はたくさんいますが、そうじゃない人が山のようにいるということです。あるいは気が付かないで進んでしまって、間違った方向に行ってしまう場合もあります。まだ安心できません。何事もよく調べないといけないです。

図版58を見て、ちょっと何か足りないことがあるのにお気づきでしょうか？　さっきちょっとヒントを言ってしまいましたけれど、「揚収技術のあと」です。「生産技術の開発」で終わってしまっているのです。揚収技術のあとのほうが大事だと思いませんか？　揚げたのをどうやって使うかです。そこまで考えておかなきゃダメじゃないかと思いますよね。

それだから石天課に聞いてみました。そうしたら石天課の担当者が「揚収したあとのこと？それは部署が違うんですよ。私たちの仕事は揚収までです」などと言うのです。

これには驚いて、「それはそうでしょうけれど、何か工程表に書いてない裏でやってますよね？　その別の部署と意見交換とかしてますよね？」と訊いたら、それもしていない。

それはまったくダメです。二〇三〇年に民間企業が主導するように委譲する。それを目標にしていると言うのだったら、それから考えるのでは遅いです。いまから考えておかないとダメです。

それは例えば、地産地消にするのか、といったことです。採ったメタンをどうやって運んで、どこで何をして、どうやって国民の手元まで届けるのかを、いまから検討しておかないとダメでしょう。

私とそういう意見交換をして、いまの課長さんは「使い道まではわかりました。研究をします。メタンハイドレートから水素をつくる方針で頑張ります」と言ってくれました。

最後に図版55の九番目、「国民の理解のために、国民への発信方法を改革する」です。ホームページについてですね。

是非、興味のある方には、この点を注視してほしい、見張りをしてほしいのです。疑問とか質問があれば、政府の公式ホームページにアクセスできる方は、是非アクセスして、「お問い合わせ」のところで質問してください。あと、このホームページ自体についても「ここはわかりやすい」とか「ここは一般の人にはわかりにくいから、こういうふうに変えたほうが良いと思う」とか、そういう発信方法自体についても聞いてみてください。ホームページは表層型、砂層型、それぞれ別々があります。

アドレスは表層型が「https://unit.aist.go.jp/georesenv/topic/SMH/index.html」、砂層型が「https://www.mh21japan.gr.jp/」です。

政府の取り組みのお話はここで終わりにします。

第六回

さぁ、燃える氷を使おう！

二〇二三年一月二七日

皆さんこんにちは。青山千春です。今日もよろしくお願いします。

今日はまず、いままでの積み残してきたことを話します。

自分のいるところから水平線までの距離

では図版59、積み残しの①番いきます。

水平線についてです。左上に「水平線て何でしょう?」と記したのですが、それは、自分がいま立っているところから見える海の縁のことです。なぜ水平線があるかというと、地球が球体だからです。その線より向こう側は、球体で下がっているから見えないということなのです。

図版59中央上の図は地球を縦に、スイカを切るように切ったものです。Oが地球の

図版59

積み残し①：水平線までの距離はどれくらい?

水平線て何でしょう?

接線

円周と直径

三平方の定理

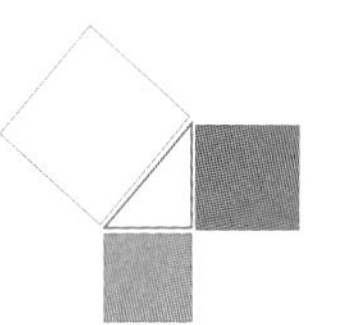

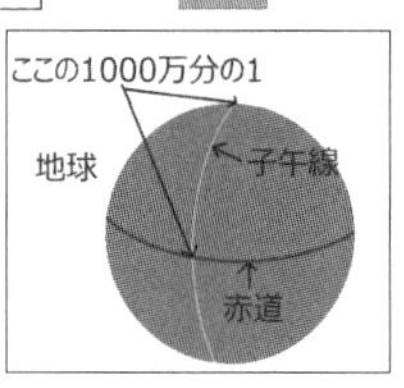

さてそれを求めるのに必要な数字は・・・

- 地球の半径R・・・ およそ6400km (6378km)
- 地球の全周(＝2πR)・・・ およそ4万km
  覚えていなくても、以下のヒントから導き出せる
  - 船長の船内放送・・・本クルーズは2万km。地球1周のおよそ半分。
  - 光の秒速は・・・30万km、地球を7回り半
  - 赤道から北極まで1万km
- (水平線までの距離)²＝(半径＋目の高さ)²－半径²

中心で、Ｒと書いてあるのが地球の半径です。ｈの地点にもし自分が立っていると仮定し、地面から人の目の高さまでの距離を太線で表しています。人の目から水平線までの距離は線分ＡＢです。このＡＢの長さを求めれば、水平線までの距離がわかります。

〈円周と直径〉と記しました。いま私が言ったのは半径ですが、その二倍が直径ですよね。それと円周の関係、学校で習ったこと、覚えておられますか？「直径×３・14」が円周です。その意味は何でしょう。直径が例えば、１とします。そうすると、円周はその３・14倍という意味です。つまり直径さえわかれば、円周がわかるということになります。

それから、〈三平方の定理〉と記しました。ピタゴラスの定理ですね。それを図版化したのが右上の図です。水平線を求めるにはこれを使います。

どういうことかというと、昔、数学で勉強したのを思い出してくださいますか？　中央にあるのは直角三角形ですね。直角三角形の各辺の隣に正方形をつくったら、一番大きな正方形の面積と、一番小さい正方形と二番目に大きい正方形の面積を足したものが等しくなる。これが「三平方の定理」です。

では地球の半径、皆さん覚えていますか？　それから地球の全周、覚えていますか？　もし覚えていなくても、以下のヒントから導き出せます。

まず、ひとつ目。最初のころ、船長が船内放送で「本クルーズは横浜から出て、マダガスカルに行って、また横浜に戻ります。全部で航程がおよそ二万キロメートルです」とお話しになりました。そのとき「その長さは、地球一周のおよそ半分です」とも仰いました。ここからも地球の全周がわかりますね。「全周は約四万キロメートルか」と。

あと、こんなことを小さいころ、習いませんでしたか？

光の秒速は三〇万キロメートルで、それは地球を一秒で七回り半もするということ。私は凄く小さいころに習ったような記憶があるのですが、ここからも地球の全周が求められます。秒速三〇万キロメートルで七回り半なので、三〇万を七・五で割ればいい。そうすると、はい、これも四万キロメートルになります。

それから、こんなことも聞いたことがありませんか？「一メートルの長さはどうやって出てきたのだろう？」といった話のときに出てきます。赤道から北極まで（図版59の右下図）の長さが一万キロメートルです。これの一〇〇〇万分の一がメートルという長さの基準になったという話です。これを受けて、赤道から北極までが地球全周の四分の一、それが一万キロメートル。だから全周はその四倍の四万キロメートルとなります。

これら三つの方法のいずれからでも、地球の全周およそ四万キロメートルが導き出せます。ここまで出たら、あとは地球の半径Rが求められます。いま、Rを求めたいからこんなことをやっているのですが、円周——地球の全周——は「直径×3・14」で出せますから、地球の全周である四万キロメートルを3・14で割算すれば直径が出ます。その半分が半径（地球の半径R）です。計算を省略すると、これは約六四〇〇キロメートル（六三七八キロメートル）になります。正確な数値を覚えておくのは面倒くさいので、だいたいでいいです。地球の半径、六四〇〇キロメートルです。全周が四万キロメートルで、半径が六四〇〇キロメートル。このふたつ、覚えておくと何かと便利です。

最終的に求めたいのは、水平線までの距離です。水平線までの距離は「三平方の定理」を使います。いま、中央上の図のRがわかりました。六四〇〇キロメートルです。であれば、線分AOは、六四〇〇キロメートルに地面から人の目までの距離を足した長さになります。

たしか船長が船内放送で仰っていたのですが——図版60は少しデフォルメして描いてあります——六階操舵室（ブリッジ）から水平線まで一八キロメートルあります。いま私たちがいるのは四階です。四階から水平線までは一四キロメートル。レストランのある二階からは水平線まで一一キロメートルです。

こういうことが計算で求められるのです。さっきの三平方の定理によってです。ということは、自分のいるところが高くなるにつれて、水平線までの距離が長くなる。遠くまで見えるということです。だから映画で海賊船とか出てくると、よくマストの一番上に立って、双眼鏡ではなくて単眼鏡みたいなのを見て、「おーい、陸が見えたぞ〜」って、船の下の方の人に伝えるシーンがあります。あれは、高いところに登れば、より遠くまで見えるからということです。

例えば、船に乗ってないときです。砂浜にお子さんやお孫さんとかと一緒に立って、それで水平線を見て、あそこまで何キロある？　って聞かれたとき。これを計算すると、およそ四キロメートルです。地面から目線まで二メートルという背の人はめったにいませんが、そんな人から見たら、およそ六キロメートルです。

だから、砂浜に立ったときの水平線までの距離は、四〜五キロメートルと言って間違いないです。これも、水平線まで距離は

図版60

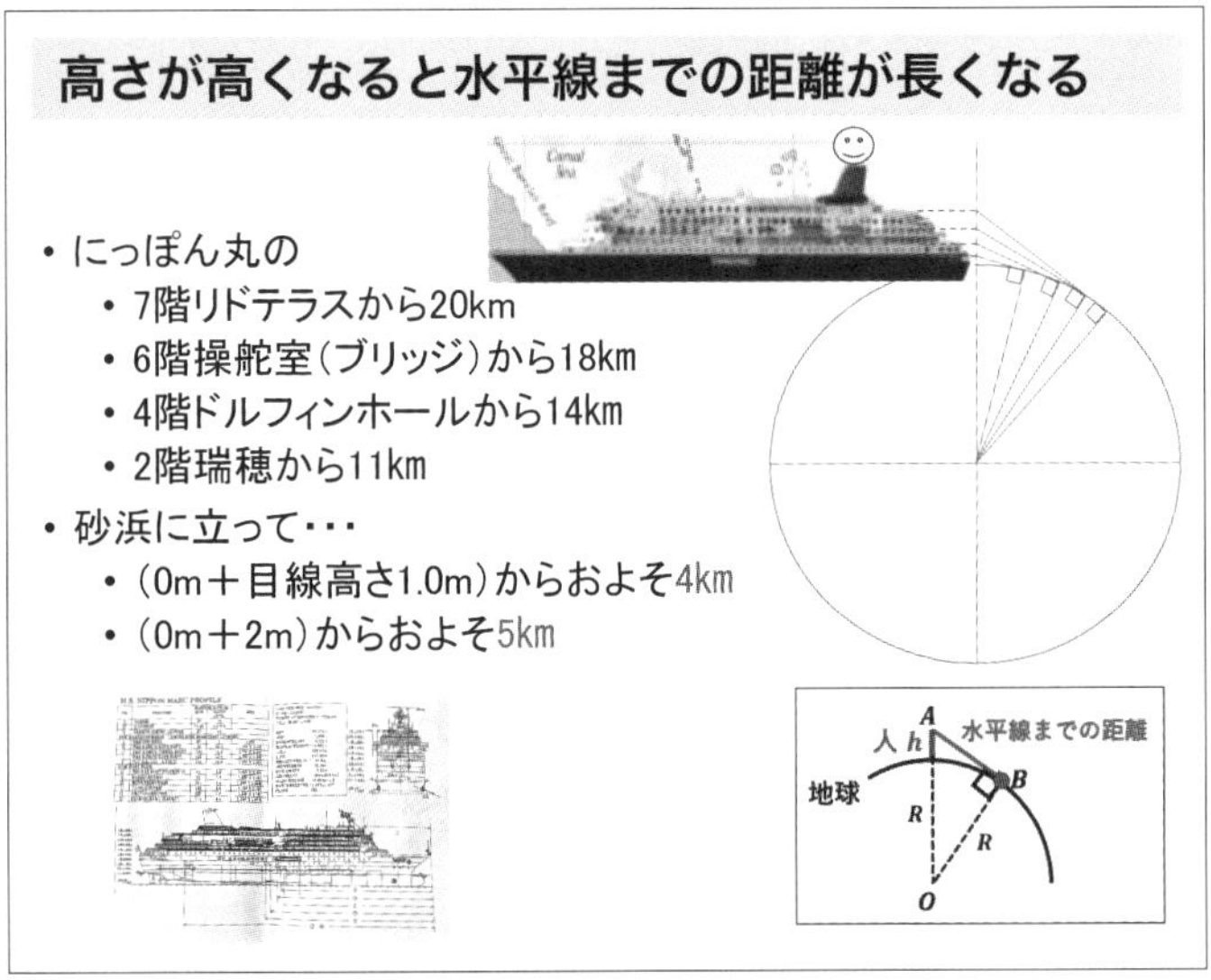

四〜五キロメートルあると覚えておく。そうすると便利かと思います。お子さんやお孫さんに水平線までの距離を聞かれたら「四〜五キロメートルよ」とさらりと答えてあげてください。

ムーンボウはご存じですか?

あと、積み残しのふたつ目。ムーンボウ(月虹、夜の虹)についてです。「見たら幸せになれる」と言われています。

これはどういう現象かというと、普通、虹は昼間に現れます。それも、夕立やスコールのあと、またお日さまが照ったときに見えます。その原理を図にして、図版61の中央上に載せました。

図版61

積み残し② ムーンボウ(月虹、夜の虹)を見たら幸せになれる

■虹が現れる原理
夕立やスコールの後、

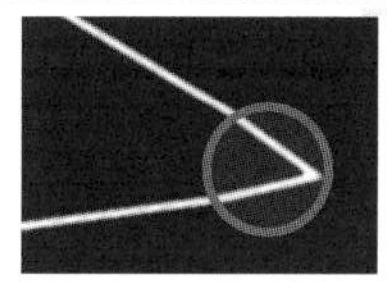

青山撮影2022年12月25日
@シンガポール港出港時

■満月の夜に見ることができるムーンボウ

https://commons.wikimedia.org/wiki/File:Moonbow,_Kula,_Hawaii..jpg

青山撮影2023年1月9日
@ポートルイスからトゥアマシナの途中

■青山は30年前に大西洋で見た!
■2023年1月8日は満月だった。しかし・・・ 見ることはできなかった。

白い直線は太陽の光です。円のなかにあるのは雨粒。夕立やスコールのあと、まだ大気中に雨の粒がいっぱい残っていますが、それです。そこに太陽の光がバッと入る。太陽の光は見た目は白いけれど、じつは波長の違う色々な光、つまり七色の光が混ざって白くなっているのです。太陽光が雨粒の残っている空気中に入ったら、七色に分かれて出てきます。太陽が照っていて、それを背にして、雨粒のある空気のほうを見ると、虹が見える。これが虹の見える原理です。

図版61右上の写真は一二月二五日、シンガポールを出港したときに撮りました。出航前に物凄くスコールが降りました。その後操舵室から「ただいま虹が見えております。私たちの出航をお祝いしているようです」というコメントが入ったと思いますが、これは先ほど説明した原理に則って出ました。それで昼間に見えたというわけです。

ムーンボウは夜、とくに満月の夜に見ることができます。「なんで夜？　太陽出てないのに？」と思われるかもしれません。

お月さまは自分が光っているわけではありません。月光は太陽光が反射して、地球にいる私たちに届いています。月は光っているように見えるけれど、あれは太陽の光の反射です。

ムーンボウの原理は虹のそれとまったく同じです。だから、お月さまが太陽の光をピカっと反射くれているから、そこに夕立ちやスコールがあると、虹が見えるのです。夜の虹ですから、大変に幻想的です。

私はもう数え切れないほど船に乗っていますが、三〇年前にただ一度だけ大西洋でムーンボウを見たことがあります。本当に幻想的でした。

右下は私が撮った写真です。一月九日、三日目ですが、ずーっと夜の虹のことばかり考えて見ていたら、お月さまの周りに虹が見えました。「目の錯覚かな？」と思いましたが、でも一応写真を撮っておこうと撮ったら、本当に赤と青っぽく見えて、こんな現象あるかな？　と調べてみました。もしかして彩雲かもしれません。

日本が開発している北極域研究船

では積み残しの三つ目。北極域研究船についてです。第五回講演でも触れましたが、研究船、二〇二一年度から造っています。

巻頭のＰＶ、カラー図版②をご覧ください。いま造っている北極域研究船には砕氷機能があって、氷の下に、私がよく使ってる無人潜水機（ＲＯＶ）を出すことも可能です。自律型海中探査機（ＡＵＶ）という観測機器も装備しています。これはライン（ケーブル）で船とくっついていて、単独で勝手に動いて海底の調査をしてくれます。あと深いところの水を採る機械なども装備されています。このような新しく開発された観測機器を氷の下の海底に沈めて、データを取る。こういうイメージです。

これまで北極域の調査とか観測の事例は凄く少なかった。それを巻頭のＰⅥ、カラー図版③で示しました。地球を斜め上のほうから見ている感じです。左下からインド洋、豪州（オーストラリア）、太平洋、南米、大西洋となってます。その周辺の海に青い点や赤いラインがあります。これらは皆、観測用のブイやフロートです。観測機器が浮いているところです。いっぱい浮いてるんですね。ちょうどいま通っているあたりにも沢山（たくさん）あります。こういう機器で海の情報、例えば水温や塩分や流れの方向を計っているのです。

しかしながら、地球のてっぺんには何にもありません。ここは、氷で閉ざされていたから人も船も近づけずほとんどデータがありません。しかしここだけデータが欠けていると、地球全体の気候の変化をシミュレーション――「予測」のほうがわかりやすいですね――するときに正確にできません。そのため、ここのデータもほしいということです。

いま造っている船は建造費が三三五億円です。第五回講演のときに六五〇億円と言ったかもしれませんが、ごめんなさい間違いです。二〇二六年に進水予定です。

これまでの日本の北極域研究

北極域研究、ではいままで日本はどうしていたのでしょう。

基本的には海洋地球研究船「みらい」という船が担っていました。二〇二一年までです。この「みらい」という船、じつは前身が原子力船「むつ」です。原子力船「むつ」は皆さん、聞いたことがありますよね？　一九六九年の進水ですから、私が中学三年生ころです。搭載した原子炉で水を沸騰させ、その蒸気でタービンを動かし、スクリューを駆動して航行します。でも、一九九五年に船体を切断のうえ、原子炉を一括撤去して普通の動力に切り替えました。

同年「みらい」に生まれ変わって、北極域で調査を重ねてきたのですが、今年がもう二〇二三年です。「みらい」になってからでも二八年ほど経っています。調査船や練習船の寿命はだいたい二五年です。まだ使えても、二五年くらいで次に代船していきます。古い船は払い下げといって、民間の――まだまだ使えますから――企業が買いとったり、あとは外国が買っていったりします。だいたいすぐ中国が買おうとします。なぜかというと、凄い高性能の調査機器等を付けたままで売ってしまうからです。日本としては、国内の民間企業に買ってもらうのがベストだと思います。

この「みらい」、青森県下北半島のむつ市にＪＡＭＳＴＥＣのむつ研究所があり、そこを母港にしています。北極海の調査は行きやすいといえばそうですが、私たちがここから乗船するのはとても行きにくい。むつ市、めっちゃ遠いです。同じ下北半島に野辺地町(のへじまち)というところがありますす野辺地という名前、すごい地の果てみたいな感じしませんか？　むつ市はそこから、さらに一〇〇キロメートルくらい北上します。恐山（おそれざん）のあるところです。

原子力船がもとなので、砕氷機能はついていませんが、耐氷構造です。氷に耐えられるけど、砕氷はできません。そのため北極海を思い切ってガンガン進むことはできませんでした。

では「みらい」はどんな調査をしていたかということです。

氷の下に無人のAUVを投入して調査をしていました。このAUVにはプログラミングがしっかりなされ、こういう方向に行きなさい、ああいう方向に潜りなさいなどと、具体的な命令を入力しておくのです。それで水の中に下ろします。下ろしたら、プログラム通りに動いてデータを取ったり計測したりして、また船に戻ってくる。そういうやりかたで氷の下の調査をしていました。

こんなに凄い！　新しい日本の北極域研究船

図版62は北極域における観測研究の、新しい船のイメージです。第五回講演で官僚のなかの国士たちを紹介した際、「JAMSTECの中にも理解してくれる人がいる」というお話をしました。船体のイラストの下には、魚群探知機も搭載するように記されていますが、当初は魚群探知機のことは記されていなかったのです。下のほうの「『みらい』＋αの観測設備」という欄にも載っていませんでした。

どこを探してもないので「魚群探知機がないと、とても困る。メタンハイドレートを含め、複数のエネルギー資源が海底の下に沢山、眠っているのは確実なので、魚群探知機を付けておかないと、のちのち困ることになる」とJAMSTECに訴えて、理解を示してもらいました。その結果、ここに載せた予定表に差し替え、魚群探知機を入れてもらいました。これで、魚群探知機が付くことは決まったので、あとは二〇二六年の完成を待つだけです。

新しい調査船で注目すべきことのひとつに、ムーンプールの構造があります。とくに観測者にとってはとてもありがたい。ムーンプールというのは船底が開くようになる構造なのです。普段は閉じていますが、

図版62

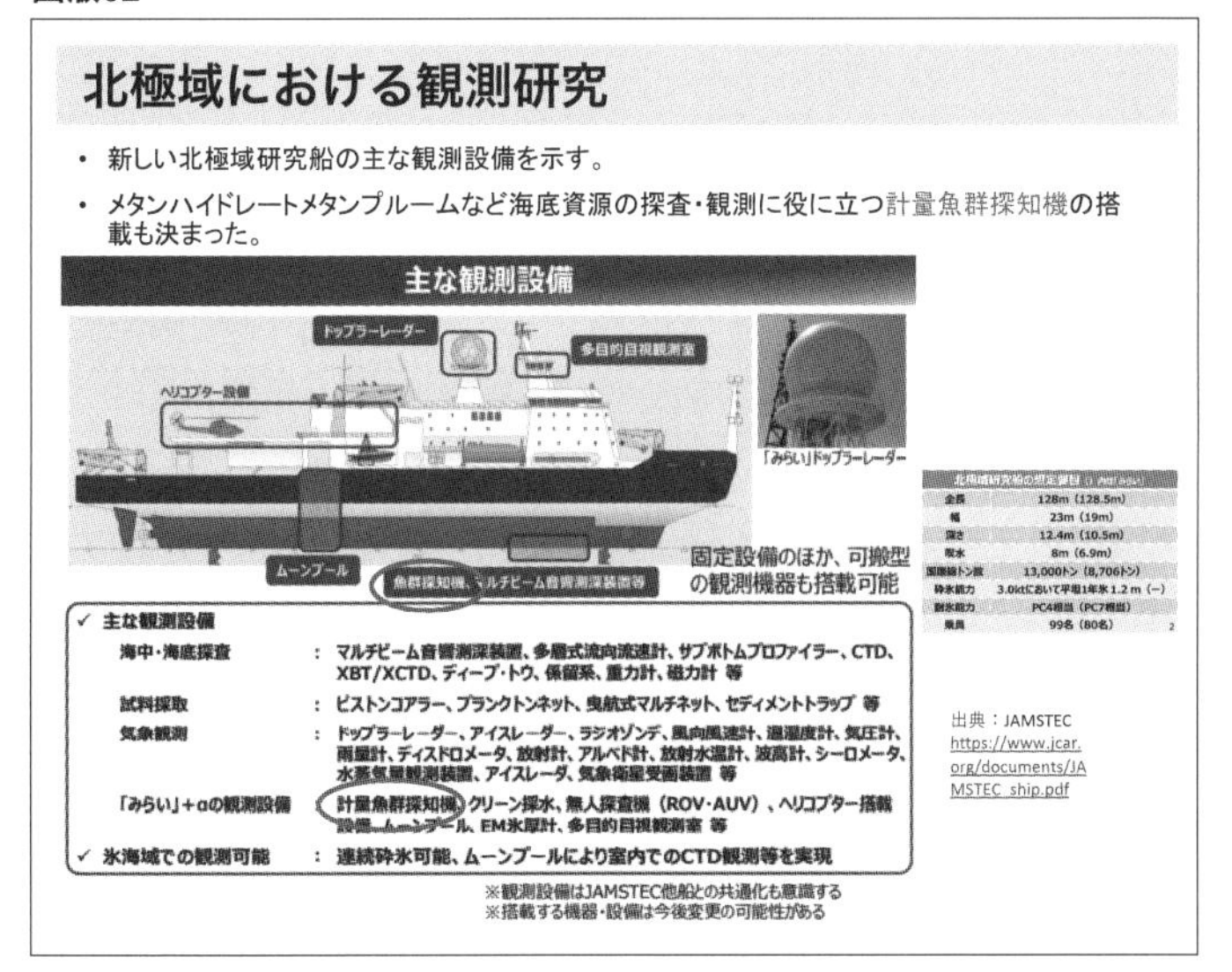

出典：JAMSTEC https://www.jcar.org/documents/JAMSTEC_ship.pdf

観測のときにはグーっと開いて、そこから、色々な調査機器を沈めることができます。例えば私がいつも使っているROVも、そこから海中に入れることができます。ムーンプールがない場合、どうやっているかというと、船の舷側からROVを降ろします。そうすると、今日みたいにちょっとでも船が揺れていると、機器が船にぶつかったりして壊れてしまうケースもあります。

ムーンプールがあれば、もうそこは海の中ですから、ただしずしずと入れるだけで調査ができるのです。私たち研究者も、外側から降ろすとなると外に出ないといけません。で

図版63

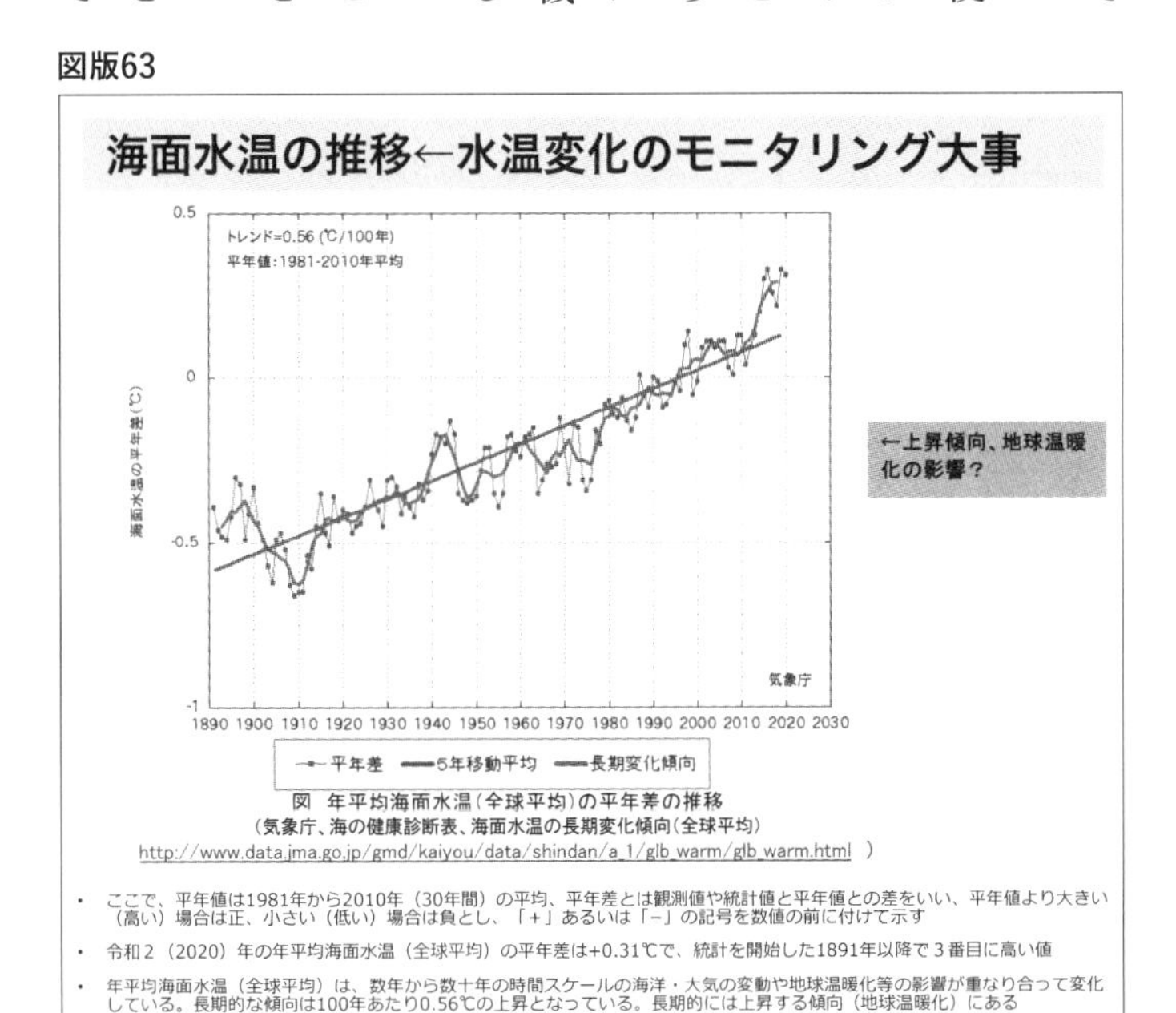

もムーンプールなら船内でできるので、安全で、研究者にとってはちょっと憧れです。

全球の海面水温について

図版63は年平均海面水温の平年差の推移です。こういうデータを取るには、海面水温変化のモニタリング、つまり継続的に計測することが大変重要です。先に説明したように、北極域のほとんどにブイやフロートがありません。だから、北極域の調査が進めば新データが入手でき、全球の予測が現実に近い値でできるということになります。

図版63に戻ります。まずグラフの横軸。これは年です。一八九〇年から始まって、一〇年ごとに縦の点線が引いてあります。グラフ右下、ちょうど気象庁の「象」の字くらいのところが二〇二〇年ですから、このあたりが現在の数値です。

縦軸は海面水温の平年差です。平年差は説明が難しいのですが、例えば一九八一年から二〇一〇年まで、三〇年間の水温の平均をとります。そのときの水温がその平均より多いか少ないかというのを示しています。

ということは、それより多ければ、水温が上がっていることになります。少なければ水温はそれよりも低い。全球の平均ということになっています。左上にトレンドと書いてありますが、一〇〇年間でだいたい〇・五六度、上昇していることがわかります。

陸地の大気の温度は同じ一〇〇年あたりで、〇・九六度の上昇です。だから海面水温の上昇よりも、大気の上昇率がちょっと高い。

有識者のなかには、いまからは寒冷化が進むと主張する人がいますが、これは客観的な図なので、どう見てもこれから寒くなるとは言えないなと私は思います。

こういう資料も、毎年調査しているデータを蓄積しているからこそ、出来るのです。

北極海に航路が通ると……

北極海は段々、海水温が上昇していったため、氷が溶けています。よく、小っちゃな氷山の欠片(かけら)のうえにシロクマの子供がいて、それがプカプカ浮いてる……そんな映像がテレビで流れたりします。

そういうふうに将来大変だなと思わざるを得ないことと同時に、良いこともあります。何かというと「北極海航路」です。じつは北極海にいま、航路が通りました。これはあまり知られていないようです。

巻頭のＰⅥ、カラー図版④の左側の二枚の図ですが、左が一九八〇年の北極域です。中心あたりが北極です。中央の白いのが氷山です。右が二〇一二年の北極域で、やはり中央のポチッとある白いのが氷山です。同じ九月五日のデータです。四〇年経ったら、氷山がこんなに小さくなっています。

見方を説明しましょう。北海道があります。その北東に上っていくとシベリアとアラスカのあいだのベーリング海峡に至ります。この海峡、氷が多くていままで普通の船では通れませんでした。ベーリング海峡を通過して西に向かうと、シベリアを横に見て、北欧、スカンジナビア半島に至ります。その先がイギリスとアイルランド。そしてスペインへと行きつきます。

こういう航路は以前はあり得ませんでした。繰り返しますが普通の船だと通れなかったからです。それがもう、右の図が三年くらい前の氷の状況ですが、通過できます。ということで、いま、こんな構想があるということです。

カラー図版④には「北極海航路は21世紀のスエズ運河になる」という見出しを立てました。右の丸い地図を見ますと、下のほうの航路、これまで私たちが通ってきました。いまはマラッカ海峡のあたりを通っています。じつはマラッカ海峡は海賊多発エリアです。スエズ運河に行く手前も海賊多発エリアです。日本から出て南回りでスエズ運河を通って、欧州のほうまで行くと、南回りで二万一〇〇〇キロメートルあります。しかも海賊多発エリアをふたつも通過しないといけません。それを北極海航路で行きますと、一万三〇〇〇キロメートルで着きますし、海賊多発エリアもありません。距離は四割ほど短いのです。ということは、燃料は節約でき、所要日数も減ります。そのため、海運業界ではこの航路が最も注目されていると考えられます。

にっぽん丸も何年かしたら、この北極海クルーズ、日本で初めて行きます！　となったらいいなと密かに思っています。オーロラも見られるかもしれません。

メタンハイドレート実用化への道――エネルギー収支

では本題に入ります。

図版64をご覧ください。今回のテーマは「さぁ、燃える氷を使おう」です。

「①海の開発は漁業者に補償金を払うだけのことから脱却する。漁業との共存」は第四回講演のカニかご漁のところで話しましたので、ここは省略します。

「②エネルギー収支、経済性評価」につい

図版64

6. さぁ、燃える氷を使おう
講演コメント：①海の開発は漁業者に補償金を払うだけのことから脱却する。
漁業との共存、②エネルギー収支、経済性評価、③地元振興、電気ガス代の値下げ…
実用化のステップです。

②エネルギー収支比率と経済性評価

◆エネルギー収支比率(Energy Profit Ratio, EPR) 分析

$$EPR = \frac{\text{生産エネルギー}}{\text{投入エネルギー}}$$

投入エネルギー ＝ 設備エネルギー ＋ 運用エネルギー
設備エネルギー ＝ 素材エネルギー ＋ 製造エネルギー ＋ 運搬エネルギー ＋ 建設エネルギー
運用エネルギー ＝ 輸送エネルギー ＋ 修繕エネルギー

◆経済性評価

$$\text{コスト [円/MJ]} = \frac{\text{資本費}+\text{運転維持費}+\text{燃料費}}{\text{生産エネルギー}}$$

資本費 ＝ 建設費 ＋ 固定資産税 ＋ 設備廃棄費用
運転維持費 ＝ 人件費 ＋ 修繕費 ＋ 諸費 ＋ 業務分担費（一般管理費）

割引率を3％と仮定

2018年11月時点の天然ガス価格：1.22 円/MJ [12]

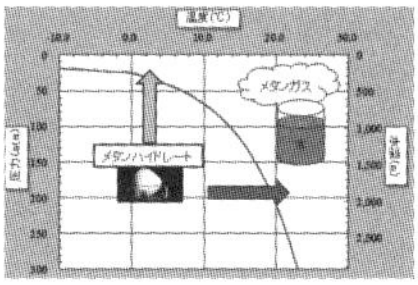

表1 プルームガスと各地天然ガスおよびLNG組成の比較

(Vol%)	プルームガス（提案者分析）	ブルネイ産	インドネシア産
メタン	90.8	88.2 (89.97)	72.0 (89.10)
エタン	0.03	4.8 (5.06)	6.0 (8.67)
プロパン	0.01	3.7 (3.26)	2.6 (1.69)
ブタン等C4	0.002	1.6 (1.64)	1.4 (0.50)
ペンタン等C5	-	0.5 (0.03)	3.7 (0.01)
硫化水素	（未測定）	-	-

ブルネイ産とインドネシア産ガスの括弧内数値は精製後のLNG組成を表す

例：精製するエネルギーがかからない

例：砂層型メタンハイドレート回収方法

- 減圧法↑と熱分解法→を比べたら・・・減圧法の勝ち。
- 熱分解法はエネルギー収支が1より低かった。

メタンハイドレート
メタンガス

図版64-1

表1　プルームガスと各地天然ガスおよびLNG組成の比較

(Vol %)	プルームガス(提案者分析)	ブルネイ産	インドネシア産
メタン	90.8	88.2 (89.97)	72.0 (89.10)
エタン	0.03	4.8 (5.06)	6.0 (8.67)
プロパン	0.01	3.7 (3.26)	2.6 (1.69)
ブタン等C4	0.002	1.6 (1.64)	1.4 (0.50)
ペンタン等C5	—	0.5 (0.03)	3.7 (0.01)
硫化水素	(未測定)	—	—

ブルネイ産とインドネシア産ガスの括弧内数値は精製後のLNG組成を表す
この表のプルームガスについては、2019年6月12日に実施された調査航海(独研主催)にて取得されたサンプルの分析結果である

てですが、メタンハイドレートのようなエネルギー資源は、実際の回収作業を始める前に、既にここで太線で囲ったような計算をしています。これらをエネルギー収支比率、経済性評価といいます。

まず、エネルギー収支比率について説明をしたいと思います。略してEPRといいます。メタンハイドレートを例にとると、メタンハイドレートは海底に埋まっています。それを採って、海の上まで引き揚げ、メタンガスを取り出す。それまでにかかったエネルギーを投入エネルギーといいます。

それから、採れたメタンガスです。それを燃やして発電するなど、色々なことに使います。これを生産エネルギーといいます。

ということは、投入エネルギーが安ければ良い。つまり投入エネルギーが低ければ低いほど良く、割り算なので、EPRは1より大きければ大きいほど、エネ

ルギー収支が良いということになります。

最初に図版64の下のほうの例、「例：砂層(すなそう)型メタンハイドレート回収方法」を見てみましょう。

以前、砂層型メタンハイドレートの回収法は、減圧法といわれているものだと解説しました。この方法に決まる前に、熱分解法というものと比べています。右下グラフを見てください。上に向かう矢印と右に向かう矢印があります。

減圧法というのは、文字通り圧力を段々減らしていく方法です。このグラフでいうと、上に向かう矢印と反対方向、圧力は下にいくほど高くなっています。一方の熱分解法は温度を段々上げていく方法です。温度は右に行けば行くほど高くなります。

グラフ中、左上から右下へと降りていっている曲線、これは相平衡曲線といったり、安定領域曲線といったりします、それよりも左側のとき、メタンハイドレートとしてじっとしてます。しかし、このラインをどこかで越えたら、すなわち上側もしくは右側にいってしまうと、メタンハイドレートはメタンと水に分かれます。

メタンとして取り出せるのは、圧力を減らして上のほうにいく「減圧法」か、温度を温めて右のほうにいく「熱分解法」か、どちらかです。

それで減圧法と熱分解法、どちらのほうがエネルギー収支が良いかを実験しました。熱分解法では、メタンハイドレートを海底で温めてメタンにして上げます。減圧法では、メタンハイドレートにかかっている圧力を減らしてメタンにして上げます。いずれの回収法も、相平衡曲線を越えて、メタンにして回収します。

結果、熱分解法のほうが減圧法よりコストがかかってしまいました。つまりメタンを取り出すのに使うエネルギーのほうが、実際に取れたメタンを使って得るエネルギーよりも高くなってしまった。熱分解法は意味がないということで、ここには「減圧法の勝ち」と記しました。政府は熱分解法は断念しました。

こういうことを事前に実験します。これは実験なしでシミュレーションだけでもできます。図版64-1をご覧ください。左からふたつ目の項目「プルームガス」は直江津沖で採れたメタンプルーム。真ん中はブルネイ産の液化天然ガス。右がインドネシア産の液化天然ガスです。それぞれの成分を比較した表です。一番上のメタンを見てみましょう。すると、メタンプルームには九〇・八パーセントのメタンが含まれています。ブルネイ産とインドネシア産の天然ガスは――カッコのなかは精製後のＬＮＧの組成です――、精製後でもブルネイ産が八九・九七パーセントで、インドネシア産も八九・一パーセントです。いずれも精製したにも拘わらず、日本のメタンプルームの組成のほうが高いのです。だから日本のメタンプルームは精製するのにエネルギーがかかりません。つまり投入エネルギーが少なくて済みます。ということは、エネルギー収支が高くなる。

この試験をしたのは三年前でした。じつは去年（二〇二二年）と今年（二〇二三年）にも直江津沖メタンプルームの成分分析をしました。場所によっては、メタン含有率九五パーセントという高い値も出ました。変わらずエネルギー収支が良いということになります。

採れたメタンをどう活用するか

では図版65、「③地元振興、電気・ガス代の値下げなど」について話します。

天然ガスを遠距離、運ぶとき、ガスを液化して、LNG船（液化天然ガス船）を使用します。そうしたほうが高効率だからです。でも、近くだったら、皆さんも聞いたことがあるかもしれませんが、CNG船（圧縮天然ガス船）で運びます。船が大きくなってしまうため、遠距離だと意味がないのですが、近くであればエネルギー収支がとても良いからです。メタンハイドレートから採ったガスは、これで運ぶことも考えられます。

また、新たにパイプラインを敷設（ふせつ）しても、エネルギー収支は充分良いという分析結果が出ています。

国内には輸入したLNGを精製する基地が複数あります。そういう施設は契約制で、複数年契約をするのが慣例なのですが、国産のメタンハイドレートは、そういう施設とスポット契約をすることもできます。

メタンから水素やアンモニアをつくることもできます。これは、図版65の右上の図版を見てください。図中右上に天然ガス（CH_4）とありますが、メタンハイドレートから採れたガスもここに含まれます。そこから水素をつくることが可能です。水素は運ぶのが大変だから、一旦、アンモニアにして運搬することもできます。いま、こういうことも考えられています。水素のエネルギー化を推進している日本政府ですが、ここにもメタンハイドレートのポテンシャルが秘められています。

メタンハイドレートは生産エネルギーが低く抑えられます。したがって、電気・ガス代の値下げに繋がると考えられます。

政府はいまのところ、メタンハイドレー

図版65

③地元振興、電気・ガス代の値下げなど

- CNG船（圧縮天然ガス船）による輸送
- 新たにパイプライン敷設
- 輸入LNG基地においてスポット契約
- メタンから水素・アンモニアを作る
- 生産エネルギーが低く抑えられるから電気・ガス代の値下げにつながる。

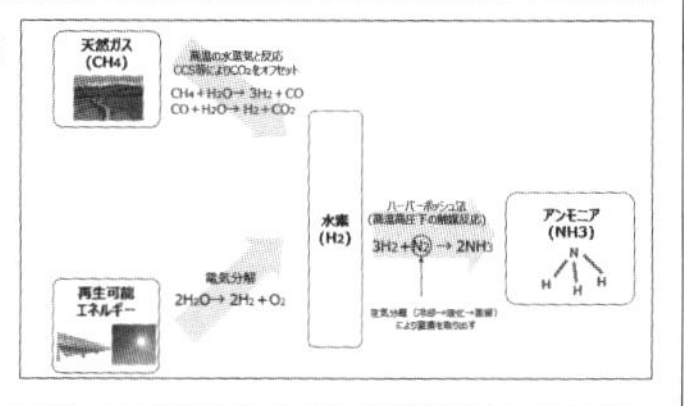

いつ使える？それはメタハイのメタンってわかる？

- 政府はメタハイから水素を作り、それをエネルギーとして（例えば水素自動車など）使うこと、さらにアンモニアを作ること、検討開始する。
- それが自前資源によるものだと国民に分かってもらうためには・・・
- 「わが国初の自前資源、メタンハイドレートの回収に成功」と政府から国民へわかりやすくプレスリリースを行う。←青山も国士たちにアピールする。
- そしてマスコミはその重要性を国民へ発信して今までのような思い込みをなくし国民を元気にする。←青山もマスコミに理解してもらえるように尽力する。

トから水素をつくって、それをエネルギーとして、例えば水素燃料電池車や水素自動車などに使うこと、さらにアンモニアをつくる。そういうことの検討を開始しますと言っています。

それが自前資源によるものだと国民にわかってもらうためにはどうしたらいいのでしょうか。それはもうアピールしかありません。プレスリリースを行うしかありません。

プレスリリースをしていないわけではありません。ただ、例えば「わが国初の自前資源である」という、メタンハイドレートの冠になるべき言葉。こういうところが重要なのに、普通に抜けています。

プレスリリースには「メタンハイドレートの回収に成功」としか出ません。是非、「わが国初の自前資源である」点を強調していただきたい。政府から国民へわかりやすく、そういうプレスリリースを行うことが必須です。そういうわけで、私はこういうプレスリリースを行ってほしいと、官僚のなかにいる国士たちにアピールしたいと考えています。

マスコミも政府のプレスリリースを聞いたら、その重要性こそを国民へ発信してもらいたい。そうしたら、「この、お湯を沸かしてるガス、国産資源のメタンハイドレートから出来たメタンかな?」と国民が思って、なんとなく元気になるじゃないですか。

メタンハイドレート活用実現のために

いよいよ最後になります。

質問をひとついただきました。「**メタンハイドレートについて、この船に乗って、自分たちは色々伺いましたが、これをどうやってほかの人たちに広めたらいいかな？**」ということです。

私が思うに以下の三つ。これをお願いしたいです。

まず、飲み会やお茶会ですね。帰ってから陸上でです。そういうときに、話題にしていただききたいです。

そのときのキーワードは「自前資源だよ」と「海岸からたった二時間くらいのところに埋まってるそうだ」です。それから「二〇三〇年に民間主導へ移るそうだ」とか「青山千春という人や青山繁晴参議院議員が取り組んでいる」というようなことですね（笑）。こんなことをキーワードにしていただければ、話を聞いた人もなんとなく「じゃあ、インターネットで調べてみようかな」となるかと思います。

あと、講演や出前授業に、私はドンドン行きますので、是非呼んでください。

それから、政府のホームページ――前にも言いましたが――を是非見て、〝見張って〟ください。そこには質問や要望を書き込める欄がありますから、書き込んでドシドシ送ってください。そうすると、担当の人は皆これを読んでいますので、きちんとした回答も送ってくれます。

ここまで私が話してきたような、研究者の言うようなことをお話しされなくても、「なんか凄いことになっているらしい。自前資源があるらしい」ということを、周囲の方々に話していただくだけで大きな、大きな意義があります。

ではこれで、またまた少し時間が過ぎてしまいました。全部で六回、講演をさせていただきましたけれど、これで本当に日本の自前資源に関して、メタンハイドレートに関して、少しでも皆さんに興味を持っていただけたなら、嬉しいです。

これからも政府の取り組みとか、私たちの取り組みに、是非是非応援をよろしくお願いします。

どうもありがとうございました。

あとがき

船上講演を追体験していただき、ありがとうございました。メタンハイドレートやメタンプルームの研究開発は、ほんとうは日本が世界を驚かせるほど進捗しています。これを機に皆さんが興味を深めていただければいただくほど、実用化に近づきます。

さて、最後ににっぽん丸を下船してからの驚きのエピソードをひとつご紹介します。

それは、私たちの人生にはなんて面白いことが起きるのか、その表れのふたつ目です。

私の学んだ中高、女子学院の後輩に、同じちはるの千晴という人がいます。一二歳くらい年下で、いまはサンフランシスコ近郊に住んでいます。青山繁晴がサンフランシスコで講演したとき聴きに来てくれて、出逢いました。

私たちがＡＧＵ（アメリカ地球物理学連合）という国際学会でサンフランシスコへ行くとき、そして千晴さんが東京に里帰りするとき、青山繁晴も一緒に会う友達になりました。

その千晴さんから久しぶりにメールが来ました。私がにっぽん丸を下船してから半年後の二〇二三年夏のことです。メールのタイトルが「なんという偶然！」。本文がなく、写真が一枚添付されていました。怪しいメールかなと思いますよね。添付写真をそーっと開いてみると、なんと、にっぽん丸で寄港した、インド洋のモーリシャス島にあるドードー博物館の入場者記載ノートです。よーく見てみると最上段には一月七日に記載した私の署名が、そして同じページの最下段には七月一二日に千晴さんの署名がありました。地球規模の偶然にビックリ。遥かなモーリシャスの小さな小さな博物館での『行動一致』です。

　このメールが届いた七月ころは私がこの本の原稿をなかなかまとめられなくて苦しんでいたときでした。まるで「早く終わらせなさい」という天の声のようです。そしてこのあと私はなんとか原稿を終わらせることができ、一一月二八日に出版する運びとなりました。地球と友がくれた偶然に感謝です。そして読者の皆さん、深々とありがとうございます。

二〇二三年　一一月

青山千春

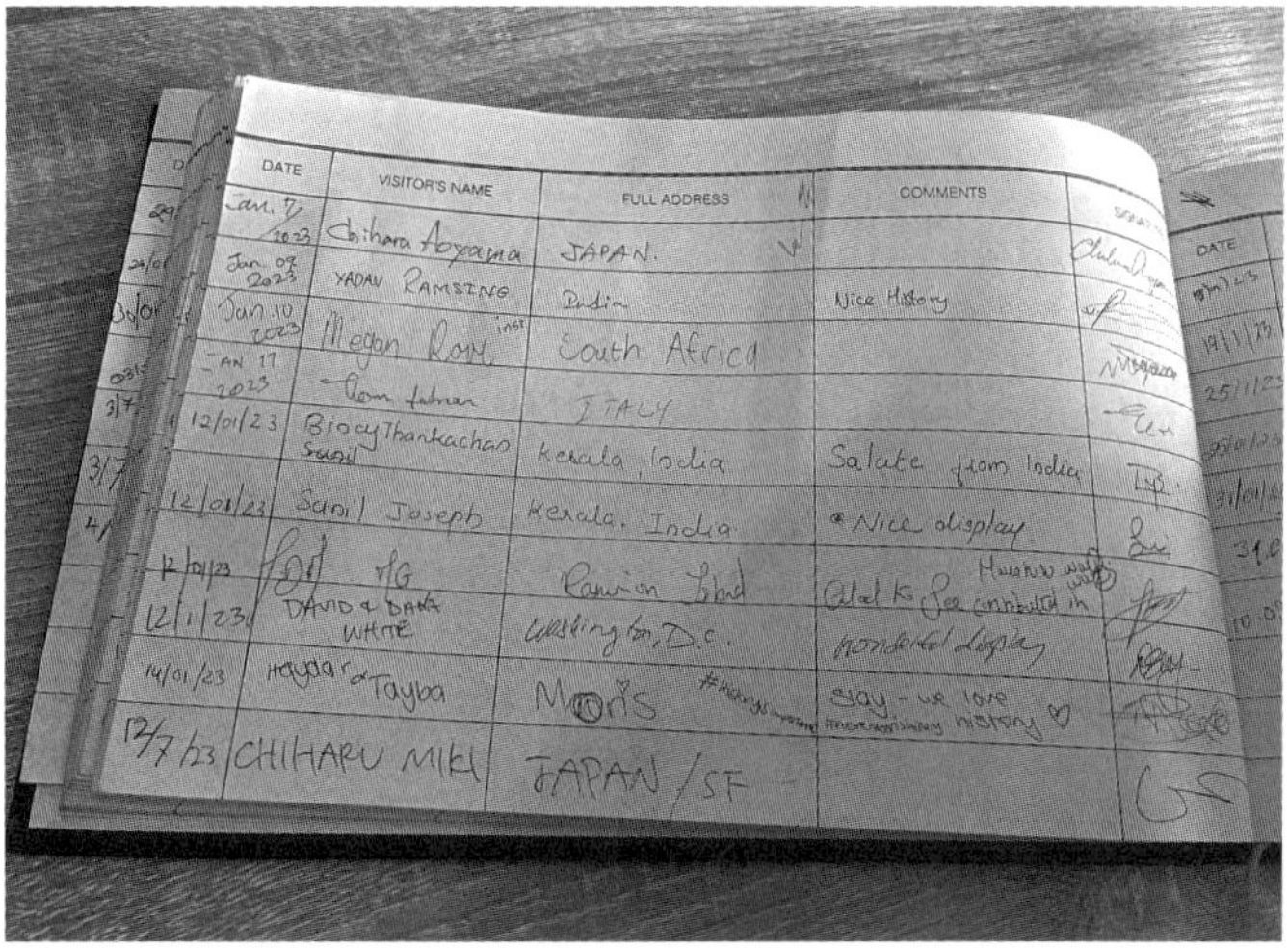

解説

作家・参議院議員　青山繁晴

女子は何をしても良い。

不肖わたしは、こう公言しています。

わたしはプロフェッショナルな作家であると同時に、自由民主党の現職の参議院議員です。その両方の立場で、そう明言しています。

なぜか。

まず少年時代からそう思っていました。わたしに精通があったとき、何も教わっていないから驚くうちに『ぼくは男の子だけど、クラスの女子にもこういうことが起きるのかな』と考えたのです。

当時は、性教育というものはありません。学校でも家庭でも無かった。そこで本を濫読して知ったのは、女子はなんと初潮から始まって毎月、生理というものがあって出血や苦痛があるということでした。

男子には精通が生涯にただ一度切り、しかも、小学校高学年だったわたしで言えば出血も苦痛もありませんでした。人間の躰は豊かにさまざまですから出血や苦痛を伴う男子もいらっしゃるかもしれません。軽々しく「無い」と言ってはいけません。ただ、男子から精通に出血や肉体的痛みがあったという話は聞かないし、濫読した書物にも無かったです。すくなくとも女子の逃れがたい毎月の出血、苦痛とは大きく違うのではないでしょうか。

わたしたちは男女を問わずみな、女子から生まれています。女子の毎月の苦痛は、その準備ですね。女子の準備が無ければ、男子はこの世にいません。では男子は女子に、海のように深い感謝を抱き、空のように広く寛容でいるはずではないでしょうか。

古くからの女性差別が、この生理ということを全く違う目で、すなわち「不浄」と見ているためだということは、子供時代から次第に分かってきました。

女子は多くのひとが少女から年配になられるまでずっと毎月、出血と苦痛があり、妊娠すると一〇か月も他の命をみずからの胎内で育みます。たいへんな負担です。

出産のときも沢山（たくさん）のひとが苦しみ、わたしの知己で申せば五日間、病院で凄まじい痛みと闘い続けたそうです。ようやく新しい命を産むと、今度は授乳です。多くの男子にとって母子の授乳の姿は、母性を象徴する美しい光景です。ほんとうはここでも、胸元に複数の鋭い痛みもありますよね。

わたしたち男子がもし、そうだったら？

どれくらい自由や、リラックスできる時間を奪われるでしょうか。

この女子を尊び、男子が護ることは、ありのままの自然なことに思えます。

だからこそ日本は、天照大御神の邦であるのだろうと、祖国の一員として考えています。

このことは、ひとりひとりの女性に、生理が無かったり子供を産まないこともある、そのこととは関係がありませぬ。それは、それぞれの事情、あるいはお考えです。何人も干渉されてはなりませぬ。個人という尊厳を冒瀆されてはなりませぬ。

男子にも、何も強いることはありませぬ。

わたしは今、大きな母性についてお話をしています。

一方で、少年時代の単なる考え方からさらに踏み込んで「女性は何をしても良い」と、わざわざ公言するのはなぜでしょう。

最初は非難囂々でした。今も不満を言われます。しかし変えません。

それは、青山千春という日本女子が船乗りになること、さらに船に乗るだけではなく海洋の自前資源の実用化に踏み出したこと、それらへの凄まじい妨害、圧倒的な差別、不可思議な偏見に直面して、わたしも、配偶者としてだけではなく、掛け値なしに国と社会のためにこそ戦ってきたことから来ています。

また、青山千春もほとんど知らない水面下でのストラグルもあります。

ストラグルとあえてカタカナを使いました。ＳＴＲＵＧＧＬＥ、国語とは違うニュアンスの国際共通語（英語）ですね。ふつう闘いと訳します。実際には、泥に腰まで浸かって前へじりじり進むニュアンスがあります。

わたしは、まさしくそのような水面下交渉を続けて、青山千春が少女の頃から抱く夢、船乗りになりたい、海を知りたい、海を活かして国益を実現したいという清浄な願いを叶えようとしました。ところが男もそして女も、なんとか船から引きずり降ろそうとします。

特に、ふたりの息子を産んでからが凄かった。子育てに専念しろと迫ってきます。

は？

子育ては、ぼくも一緒にやるんだけど？

専従者がいるんじゃ無くて、当然、父と母の共同作業じゃないかと思いました。

このストラグル、今日までの結果としてはことごとく勝ち抜きました。

ストラグルはすべて、わたしが、いち民間人の時でした。現在のように国会議員になってしまうと、かえって動きにくいのです。束縛のない民間人だからこそできたことです。ささやかな気の強さと交渉力をどうにか活用して「強く、柔らかく」を心がけて存分に、民間の専門家時代を中心に戦いました。

　そして官側は、わたしが万やむを得ず議員になると姿勢を一変させました。まず、わたしたちを応援してくれた行政官（官僚）を異動先、時には左遷先から呼び戻して、自前資源開発の各担当につけました。

みなさん、これは議員の背後にはそれを選んだ主権者がいるからこそのことです。すなわち民主主義です。

これが利権や権力欲と真逆、無縁であることを示すためにわたしは政治献金をどこからも一円も受け取らず、法が保障する政治資金集めパーティも開かず、団体支持は全て断り、後援会をつくらず、後援会長を置かず、地元をつくらず、完全無派閥でいます。

また、愛着のあった独研も西暦二〇一六年の最初の選挙中に辞め、創業者株も全て、無償で返上しました。

そして青山千春も決して精神が屈しなかったことが、いちばん大きいです。いくら援護射撃をしても、本人が崩れてしまうと、負けです。しかし青山千春は、わたしを信頼していたこともあって、まったく崩れなかった。

しかし、同じ戦いを万人ができるとは思いません。そこで考えたのが、極端な言葉です。

わたしは国会議員である前に、ひとりの物書きです。言葉の無限の力を知っています。

「女は何をしても良い」

こう言えば必ず、反撥を受けます。反感も買います。前述の通りです。

しかし、それだからこそ『青山さんはなぜ、あんなことを言うんだろう』と考えてくれるひとが出ます。そのように考えるひとは良心派です。言葉の力は実は、良心派にしか効きません。

良心を持たざる相手に言葉だけで立ち向かえるというのは、嘘です。

そこは、わたしの受けた敗戦後教育、今の子供たちも受け続ける同じ学校教育とまったく考えが違います。いいえ、ほんとうは考えが違うのではなく、人間の現実と違うのです。

これは右とか左とか、そんな旧来の観念とは何の関係もありません。世界をこの足で歩いてきた痛切な実感です。

隣国ウクライナのただの民家に雪崩れ込んできて、お母さんを家族の前で強姦し、赤ちゃんを殺害し、お父さんを拉致していくロシア兵に、いくら上手なロシア語を発しても何も阻めません。イスラエルで同じことをしたハマース、そのハマースを殲滅するために爆撃で赤ちゃんをばらばらに吹き飛ばすイスラエル軍機に対しても言葉は一定の範囲内でしか効きません。決して万能ではありませぬ。

こうした惨劇を事前に防ぐには、軍事力による抑止力が不可欠です。そして軍事力について国際政治で言うパリティ（均衡）も必要です。

言葉の力は良心派に対してこそ無尽なのです。

だからわたしは「女は何をしても良い」という破壊的な言葉を公言して、男女とも良心派よ、立て、さもなくば日本女子は建国の精神に反して、狭い檻の中に留め置かれるだろうと非力なりに示唆しています。

青山千春は、わたしと出逢うまえは横川千春でした。

お母さんはＮＨＫ交響楽団、いわゆるＮ響にも属したピアニストです。そしてお父さんの横川秀男さんは同じＮ響のトランペッターでした。やがて夫婦でジャズに転じ、お父さんは、あの「鉄腕アトム」の朗々と冴えわたるトランペットの奏者です。また「ジャングル大帝レオ」のトランペットもお父さんです。

お父さんは帝国海軍の軍楽隊の生き残りです。横須賀に永遠に係留される日本海海戦の旗艦「三笠」の記念館に、その愛用トランペットが展示されているのはこのためです。

お父さんは、ひとり娘の千春に「海はいいぞ。船は愉しいぞ」と短い言葉で繰り返し教えて育てました。

両親とも音楽家です。音楽の世界は男女差別が、無いとは申しませんが、少ない。青山千春自身がこの本で述べているように「女だからこうしなさい」という家庭教育はなかった。両親が演奏する舞台の袖やテレビ・スタジオの隅で、いつも楽屋弁当を食べて育った千春は、ピアノは弾けても音楽を選ばず理系の勉強を興味津々で選びました。

中高の「女子御三家」の一角として知られる女子学院を卒業するとき、東大理科Ⅰ類か、それとも父から聴いた船乗りになるために東京商船大学か、それを自分で考え抜いた末に、商船大の受験を決めます。

ところが、そこで人生初の、想像もしなかった高い壁に突き当たります。

女性は受験できない、合格しないのではなく、受験すらできない。当時の大学側は公然とそう言い放ちます。女性であるというだけで国立大学を日本国民が受験できないのは、当時から違憲、違法の疑いが極めて濃い。

大学側の言い分は「船にも学生寮にも女性用の備えがない」ということでした。トイレも風呂も、部屋も、という意味です。

しかしそんな施設は、女性の人材を活かそうという意思があれば、設けられます。

横川千春が知ったさらなる現実は、「女が操船すると船は沈む」という迷信が生きていることでした。

それも、商船大に受験を拒否され、防衛大学校にもやはり受験そのものを拒否され、ようやく東京水産大（現・東京海洋大）の当時の学長が「女子が入るとマスコミに受けるだろう」というリアルな判断をなさって受験が許され、合格し、海洋実習で乗ったその船でのことです。

国立大の実習船のクルー、すなわち国家公務員に「船から降りろ。海が荒れて沈むじゃないか」「女がいると船が焼き餅を焼くんだよ。降りろ」と迫られたのでした。

当時は、わたしと出逢う前です。

横川千春は、大学の航海科学生のなかでただひとりの女性、史上初の女性としてみずから耐え、船乗りとしての素質と実績をみせて、妨害、差別、偏見に加えて愚かな迷信にも耐え切ったのでした。

ここが、すべての、原点です。

そして運命はいたずら好きです。

わたしはベートーベンを深く愛します。交響楽第五番「運命」の冒頭の重い四音は、運命の顔のひとつを簡明に描き切っています。ただ、現実の天と運命のもうひとつの顔には、ユーモアといたずらと軽やかさがあります。水大（現・海洋大）の学長が「マスコミに受ける」と受験を受け容れたことは先に触れました。それが思わぬ形に転じて生きてきます。

横川千春が船から降りずに耐えて、海洋実習船に乗り、船が小樽に寄港したときのことです。「なにか町ネタはないかな」とぶらりやって来た共同通信小樽支局の記者が「あ、女性が乗っている」と驚き、取材して「航海科に初の女性」という記事を書き、共同通信はそれを全国の報道機関に配信しました。

わたしは当時のことをよく覚えています。

テレビをつければワイドショーに、ラジオを聴けばインタビュー番組に、電車に乗って中吊り広告をみれば女性誌の特集記事に、「日本初の女性船長へ」という横川千春が出ずっぱりでした。もちろん、わたしとは何の関係もない人として『へぇー。こんな女子学生もいるんだ』

と思っただけです。

千春本人としても、船長になったのではなくまだ学生だし、話してもいないことを報じられ、会ったこともない男性を初恋の人にされたり、びっくりしていたそうです。

それが一変したのは、産経新聞の「時の人」という欄を読んだ時です。

当時のわたしは早大生でした。慶大文学部に入学し哲学を学ぼうとして若気の至りで「哲学は訓詁学であり、世の中を良くしたい俺の志とは違う」と考え、経済学部に転部しようとして当時は転部制度がなく、慶大に中退届けを勝手に出して早大の政経学部経済学科を受験し直して入学していました。

ところがアルペン競技スキーに熱心になりました。雪のない神戸生まれでスキーが未経験の困難なスポーツだったからです。で、度胸だけの滑りで、両膝に大怪我です。

そこへ慶大の友だちがやって来て「加山雄三さんのコンサートをやるんだけどチケットが売れない。青山の交渉力で売ってくれ」と言います。「条件がある。東京女子大や日本女子大なら、もう売った。まさかの新しいルートを開拓してくれ」と勝手なことも言います。

足は怪我だし、困ったなぁと思っていると産経新聞の記事に「横川千春さんは加山雄三に憧れて船乗りになる」とあったのです。しかも東京水産大というよく知らない大学、まさに新ルートです。この人と、その大学の学生に買ってもらおうと即、考えました。

実にこの「加山雄三に憧れて」というのは、今に続くメディアの癖、でっち上げだったのです。ほんとうは前述の通り、軍楽隊出身トランペッターであるお父さんの言葉だった。

そうとは知らずにチケットを買ってもらい、それが思わぬ縁になりました。わたしは偶然にも共同通信の記者になり、結婚して本社東京から初任地の徳島支局へ転勤するために、青山千春となっていた航海科学生は大学を休学しました。

すると朝日新聞が「女子初の航海学生は結婚で挫折した」という誤報を取材もなく載せました。抗議すると、初任地で友だちになっていた朝日新聞の柴田直治記者（現・近畿大教授）がちゃんと本人や大学に取材し、逆に「挫折せず遠洋航海へ」という社会面トップ記事を書いてくれました。

そこが新しい苦闘の始まりだったのです。

青山千春は一二年間、専業主婦を生きつつ家庭で勉強を続け、まず大学に復学しようとすると拒絶されました。その突破から、わたしの戦いと水面下交渉も始まるわけです。

このひとりの日本女性の半生が、ほんとうに物語るものは何か。

日本と世界の女性、そして男性にとって示唆になるものは何か。

何よりも、青山千春の受けた女性としての不利益はすべて、理不尽だということです。

青山千春自身のストラグルは、この本の本篇にありますから、ここでは述べません。

わたしがいち民間人として交渉し戦った相手は、わが母から国立大学の学長、内閣総理大臣まで、おおむね一〇〇人を遥かに超えています。そのすべてについて、相手に、憤激と同情と敬意を常に抱いていました。

その三つがいずれも最も烈しかったのは、みなさんの想像どおり、母です。

わたしの母は、ふつうの女性像とはやや違いました。武家の娘の誇りを持ち、その武家が没落したために貧困による塗炭の苦しみを幼い頃から舐めた記憶に、深い屈辱と、それを乗り越えたという矜持が混ざりあって、スパッとした明朗さと、屈折した意固地が両存していました。

自分では、子供には影響させていないつもりで、実際は子供にぶつけてきます。わたしは「お母さんは、歩く矛盾や」と言っていました。それが大爆発したのは、青山千春がまだ幼い男児ふたりを置いて、準備を含め一年間を要する遠洋航海に出るときです。

「千春さん、千春さん」と可愛がっていた母は急変し、わたしに「子供にそんなことを強いる嫁とはもう、離縁しなさい」とまなじりを決して迫りました。

わたしは「嫁ってね、お母さん、今は江戸時代か。いつも、もう武家の時代やないと言っていたのは、お母さんやないか」と反論し「嫁は嫁でも、ぼくの嫁や。お母さんの嫁やない」と、わざとキツく申しました。

すると母は「こんな子（わたし）にするために育てたんやない」と大泣きします。武家の娘として振る舞う母が泣くとは、わたしは内心で限りなく辛かったです。

「お母さん、こんな人間に育ててくれたから、夢を実現するのに、女性も男性も区別しないんや」と母の眼をみて、ゆっくり話しました。

「それに千春の夢は、きっと国益に繋がる」

母はそれには返事をしません。『そんなもんやない、千春さんが自分の夢のために子供も、あんたも、犠牲にしてるのや』と考えているのは、よく伝わりました。

青山千春が遠洋航海から帰り、博士号を取り、そして日本海でメタンハイドレートの粒々が集まった柱、メタンプルームを見つけるのは、そこから七年先ですから、わたしも「国益に繋がる」という証拠は何一つ出せません。

しかし確信はしていました。

そして「お母さん、子育ては千春だけでやるのじゃなく、ぼくも一緒にやってる。親の戦う背中を見せるのが、いちばんの子育てでもある。お母さんが一年間いないのは、子供にとって間違いなく物凄く大きな事やけど、ぼくも千春も努力して、子供に、なぜお母さんが遠洋航海に行くかを理解させれば、将来むしろプラスになる」と静かに話しました。

母は泣いて泣いて、聴いているのかいないのか分からないほどでしたが、突然、キッと顔を上げて「あんたは忙しい、ほんまに忙しい政治記者やないか。子育てなんか、できるわけが無いっ」と言いました。当時、共同通信の東京本社に戻って政治部にいました。

わたしは、これはもう行動で示すほかないと考えました。

わたしは思うのです。行動してみれば、案外にやれること、それは世に沢山あります。

母が納得しないまま、青山千春を遠洋航海に送り出しました。意外でしょうが、わたしは亭主関白です。最終決定はすべて、わたしが下し、全責任はわたしが持ちます。したがって、わたしの背骨をつくるみごとな家庭教育をしてくれた母であれ父であれ、わたしの家に、最後には干渉は受けません。

ただ父はこの時すでに、現役社長のまま医療過誤で急逝していました。

お母さんの居ない子供たちとの生活が始まりました。

その頃、共同通信の政治部長から「青山くん、法務省（担当の記者クラブ）に移ってくれ」と言われました。わたしは「部長、ぼくは何かしましたか」と聞きました。それまで総理官邸という中枢の記者クラブにいました。法務省は政治記者にとって中枢ではありません。何か問題を起こして飛ばされるのですか、という意味です。すると政治部長は「いや、うちの法務省（担当記者）が法務大臣の梶山（静六）と揉めて、取材できなくなっている。君が行って回復してくれ」と答えました。

と言ってもコワモテの梶山さんと会ったこともありません。着任の挨拶に大臣室へ行こうとすると「大臣は、共同通信の記者にはどなたにも会われません」という法務省の返事です。では、どうするか。朝の四時半に、当時、東京の九段にあった議員宿舎に行き、梶山大臣の部屋の前に立ち尽くします。公認の記者証によって、そこまでは入れます。

立つだけでドアはノックしません。やがて同居なさっている秘書さんが廊下に面した窓を開けて、わたしに気づきます。これを繰り返すうちに、早朝に大臣が部屋で朝食を摂るときにご一緒するようになりました。そこからどんどん信頼関係が深まり、自由に議論を交わすようになりました。

そして梶山さんは「青山くん、実は社会党と連立政権をつくろうかと考えているんだ。どう思う?」と、びっくりの話をされました。

このように普段通りの仕事をしつつ、「朝駆け」と呼ばれるこの早朝取材を終えると、議員宿舎の近くだった自宅にいったん戻ります。子供たちを起こし、一緒に学校へ。

夜も、「夜回り」取材の途中で自宅へ戻り、子供たちと食事をしながら一日の出来事を聞きます。すべて政治部長に相談してあるので、この動きは諒解済みです。

つまりは、お母さんが居る時よりもずっと子供たちと密接になります。別に困難な動きでも何でもありません。やればできる、それだけですね。

そして青山千春は無事に航海を終え、博士号を取り、やがて日本海でメタンプルームの柱を見つけ、資源が無いはずの日本に自前資源という本物の夢をもたらしました。

母は九一歳で亡くなるまで何も言いませんでした。心の中で『なるほど』と思ってくれていたのかもしれません。

みなさん、女性だからと言って壁をつくるのが理不尽だというのは、こういうことです。それぞれが出来ることをやれば、やれることばかりではないでしょうか。

ふたりの息子は今、それぞれ結婚して、偶然にも同じ年にそれぞれ娘を授かりました。その家族に息子たちがどれほど優しくしているか、それを見るたびに、『親の背中をみせることこそ子育てと考えたのは正しかったらしい。夢を諦めない母、それを護る父を見て、ふたりは育ったんだ』とわたしは思い、青山千春博士にも淡々と話すのです。

青山千春の実像は母性愛の強いひとです。わんこにまで母性をふり注ぎます。かつて置き去りに海に出た、息子ふたりとその家族をみて、ほんとうは安堵しているのでしょう。

海上自衛隊に「かしま」という練習艦が西暦一九九五年一月に就役したとき、青山千春と一緒に艦を表敬訪問しました。女子が初めて乗艦していたからです。当時は青山千春は大学院生、わたしは議員となる二一年前です。

女性自衛官の方々に「この女性が、みなさんの始まりなんですよ」と話し、かつては女性が防大を受けることすら拒まれたことも話しました。

みんなしっかり聴いてくれましたが、ややポカンとしているようにも感じました。パイオニアが誰だったか、何も知らされていないからですね。

この書を機に、日本と世界にとって、ほんとうは女性はどんな存在か、その大志がどれほど祖国と世界を変えるか、より知っていただくことを祈っています。

（了）

航海日誌（抄）

1日目　12月15日（木）

16時30分頃、次男、次男のお嫁さん、孫、それに夫が船客ターミナルの屋上少し後ろの方に到着したとショートメールが着たので急いで4階のデッキに行ってみた。４人を見つけたので、孫の名前を叫びながら小走りで４人が良く見える場所まで行った。デッキに出る前に渡された２本の旗を両手にそれぞれ持って、セレモニーの音楽に合わせて踊り続けました（巻頭ＰⅡ上写真参照）。孫も旗を振っていたので、それに合わせて踊りました。ノリがいいフィリピンの乗組員たちと一緒に、船が離岸するまで踊り続けた。肩こりが治るほど、久しぶりに超運動した。あー楽しかった。離岸するときに「みんなー、またねー」と大きな声で叫んだけど、聞こえたかな？

孫とお嫁さんと一緒ににこにこして旗を振っている次男を見たら、32年前のテープぐるぐる事件の事を思い出して、胸がいっぱいになった。今がとても幸せそうで良かったなー、と思いました。寒い中、日没後の出港まで見送ってくれてどうもありがとう。心置きなくインド洋に行ってきまーす。17時横浜港大さん橋出港。

2日目　12月16日（金）

7時30分起床、潮岬沖46海里。黒潮の南側を奄美大島方向を目指し航行中。速力19・5ノット。8時の位置　32-45. 1300N, 136-02. 8320E。

「起床」の船内放送もなく、ラジオ体操もなく、自分のペースで目が覚めた。とてもうれしい。昨日の夕食&夜食が盛りだくさんだったので、全然お腹が空いてない。だから朝食はパスする。そんなときも調査船なら、食堂まで行って「食事要りません」と司厨長に声をかけないといけないのだけれど、それもしなくていい。パジャマのままゆっくり居室で過ごせる。だいたい調査や練習船の頃はパジャマなんて着たことがない。いつでもすぐに飛び出していけるような格好で寝ていた。優雅で夢みたい。航跡表示のチャンネルをつけたら同時にクラシック音楽が流れているし。

8時少し前、船内放送で八点鐘の説明の後、船長が「航行距離は約2万キロ、地球1周の半分。この航海で皆様にイルカを5回、鯨を1回、グリーンフラッシュもお見せしたい」とおっしゃいました。ぜひムーンボウも見せてね。

11時ころから、エンターティナーと講師の紹介がドルフィンホールで行われた。グッチの左腕に錨マークがついた黄色いジャケットを着て楽屋に入ると、「少ししゃべってください」といきなり言われた。そんなつもりはなかったので何も挨拶の準備をしていなかったから、元気よく明るくしゃべるしかない、と思って、「航海士になりたいと思ったら女子が受験できる大学は東京水産大学しかなくて……」「……12年間子育てして36歳で航海士免許を取りましたー」と言ったら、拍手がわき、さらに「41歳で博士号を取りましたー」と言ったら、おーっという声とさらに大きな拍手がわき、手応えありました。「ボードゲームで遊ぼう」と言い忘れたのが心残り。

紹介が終わり、そのあと、ショップに行ったら、会う人ごとに「青山先生、講演行きます」「青山先生、講演で質問してもいいですか」「青山先生、ご主人をたかじんの番組でいつも見ていました」「燃える氷を探せ、はどういうゲームですか。孫にお土産に買って帰りたい」と話しかけられた。服を黄色から目立たない黒に着替えて目立たないようプールサイドでショコリキサー（シェイク飲料）をチューチュー飲んでいたら、「青山先生、なんで科学者なんですか。なんで航海士にならなかったんですか」「ご主人を応援しています」「娘と孫と一緒にきました。講演3人で聞きに行きます。楽しみにしてます」「写真を一緒に撮ってください」「和服が素敵でした。お正月は和服を着ますか」「独立講演会、毎回参加しています」とたくさん話しかけられた。プールサイド逃走間際にさらに一人の男性が近づいてきて、「45年くらい前に海鷹丸で小樽に寄港したときに取材を受けて新聞に載りましたよね。私もその時に海鷹丸に乗船していました。船内にその記事が貼り出されていたのでよく覚えています」という水大（東京水産大学）の2年先輩の男性もいました。ビックリ。これで、船内では有名になってしまったから、居室から出たら、仕事モードにならないといけなくなったー。だめだこりゃー。水大の先輩が「海鷹丸でイカ釣り操業の実習の次の日の朝、デッキ掃除をしている学生が数人いて、聞けば、イカを部屋に持ち帰ろうとしてデッキにイカ墨をまき散らして汚したので、バツとしてデッキブラシで掃除をしていた。今の学生はすごいな」と思ったそうで、実はその中の一人が私で、更に私は、さばいたイカを救命艇の上に干していたら、それもチーフオフィサーに見つかり、こっぴどく怒られたのを思い出した。救命艇の上は絶好の隠し場所と思っていたら、なんと救命艇はブリッジより下にあったのでブリッジからは丸見えだったのだ。

ショーが終わってからも複数の乗客から声をかけられ、「繁晴先生は乗船しなかったのですか。ひそかに楽しみにしていたのですが」「青山議員はこれから乗船しますか」とか議員ファンが複数いることが分かった。選挙の時にボランティアをした人（女性）で「私たちは『青の会』というのを作っている。その代表として講演会を聞いてくるように会員から言われている」という人も。ぎゃぎゃっ。

8日目　12月22日（木）

冬至。8時の位置　11°05. 7440N. 111°43. 0960E。針路221.0, 速力18・0ノット。

7時からの「おはよう体操」は7階「とも」のデッキで。(「とも」と「おもて」、昨日の講演で皆さんへ説明した。)初めて屋外で行われた。そのあと、2階の朝食会場で食事をしていると、お隣の席の女性から、「昨日の講演とても面白かった。ありがとう。ご主人様もにっぽん丸に乗りたかったとホームページでおっしゃっていましたね。残念でしたね」と声をかけられた。ホームページとは多分ブログのことかと推察する。私よりよく知っているのでびっくり。

食事の後、初めて3階とも(=船尾)の大浴場の手前にあるセルフランドリーで洗濯機を使って洗濯を開始した。Tシャツは試しにランドリーサービスを使ってみることにした。部屋の引き出しにあったランドリーボックスという大きな袋に洗濯してもらいたいものを入れてドアノブにかけておくとボーイさんが持って行ってくれる。らしい。靴下などを洗いにセルフランドリーに行ったら、すでに数人の乗客がいて混雑。お一人はシャツにアイロンがけをしている。別の人はもう一人の人に洗濯機の使い方を教えてもらっている。狭いセルフランドリーが密状態。でも何となく下町的な感じで懐かしかった。昔は母たちが近所の人とたらいを並べて、固形の洗濯石鹸を使って洗濯板で洗濯物をごしごし洗いながら、世間話をしながら、楽しそうに笑いながら洗濯をしていたという状況を思い出した。

8時の船内放送で船長が、速力について話をされた。「にっぽん丸の巡航速力は19ノット程度だがこの辺は南からの海流が強く16ノット程度になってしまう。ところが今回はにっぽん丸の後ろに低気圧が追いかけてきてくれて後ろから風で船のスピードを後押ししてくれている。たまに揺れて困るけれど、風の後押しが嬉しい。神様にありがとうと言いたい」という主旨のお話をされた。乗客の皆さんの発想の転換を促したと思う。さらに水平線までの距離の話をされた。「水平線までの距離は、操舵室からは18㎞、4階からは14㎞、7階からは20㎞」と。私は昨日の講演の時、予告として「次の3回目の講演では大陸移動説の話をしたり、水平線までの距離を計算したりしましょう」と伝えました。もしかして船長はこの講演を聞いていた？「先を越されたー」と思ったけど、船長がつかみを説明してくれたので逆にやりやすくなったー、と思った。船長ありがとうございます。3回目の講演ではさらに詳しく説明します。地球の1周4万㎞とか半径6400㎞とかも。乗客の皆さんは私と同じように船や海が大好きな人が多いから、きっと興味がある人が多いと思う。

今回のクルーズにお一人で参加している人が50人ほど。一人だと寂しいんじゃないかな、と思っていたけど、そうではないかもしれない。個人参加の中には、ふねとも（船友）がたくさんいるらしいのだ。私の隣で食事をされていたお二人の女性は、「私は海外クルーズは皆勤賞よ」「わあ、すごい」とか「●●さんは昔は若いガールフレンドと一緒に（乗船）。でも今は片言の介護士と一緒に。それもなんだか淋しいわよね」「ご本人が楽しければそれでいいんじゃない」とか楽しそうにふねとも の近況を報告しあっていました。

本日の夜食はきつねうどんとおにぎりとメニューに書いてあったから、楽しみにしていたんだけど、ついうっかり夕食後に寝てしまい、起きたら23時過ぎで夜食提供時間が終わっていた。残念。食べすぎだよというイエローカードかもしれないと思うことにして、またそのまま寝ました。

9日目　12月23日（金）

4時、船内放送5チャンネル（航海情報の画面）の南端にそろそろシンガポールが見えてきた。昨日・一昨日と南シナ海を通過しているときに、7階のリドテラスでにっぽん丸が航走中の海上の波を見ていると、父が帝国海軍の重巡洋艦「足柄」に乗艦してシンガポールに向けてこの海をきっと同じコースで航海していたんだな、と思い、感激で胸がいっぱい。「ちーちゃん、海はいいよー」と私が小さいころ父が言っていた「海」だ。ついに私もその海を通過してシンガポールに向かっているよ。どこか空の上から見ていてくれているかな。

本日も近くに座っていたご夫婦の会話が聞こえてきた。「奥さんはわがままばかり。あー今度生まれ変わったら自分も女に生まれたい。男はつらいよ。ほんとに」とご主人。しばらくして「本日はダンス教室に付き合ってね」と奥様。「なんで私もダンス教室に動員されなきゃならないの」とご主人。「だって二人のほうが楽しいじゃない」と奥様。とても仲が良いご夫婦の会話でした。「女に生まれ変わりたい」の裏には、ご主人の自負が感じられました。
8時の位置　05°39. 6400, 107°03. 8840E。４８２kmボルネオ島西、北西方向からの風と波。海況は2程度。だいぶ収まってきたかんじがする。今夜の深夜からマラッカ海峡に入る。海賊船対策を行う。水密扉の施錠、見張りなど。12時ころに部屋に戻ると洗濯係からTシャツが戻ってきていた。12時45分船内放送、左舷側に5、6頭のイルカ。14時23分頃、右舷後方4時方向に洋上プラットフォームが見えた。5チャンネルの写真撮った。さあ、明日はシンガポール入港。オプショナルツアーに行くぞ、おーっ。

10日目　12月24日（土）

本日は、夕食時に船内（6階）の寿司バーへ行った。ずっとお寿司を食べたかったのだ。クリスマスイブだし、「ま、いいか」という理由をつけて行ってみた。ホタテの磯部巻きとか何種類かの貝類をあぶってもらったり、白エビの昆布じめもつまみで食べたり、イクラやバフンウニの軍艦巻きを作ってもらったり、満足した。ただ、どう考えても日本酒にぴったしのつまみばかり。心の中で葛藤しながら、お酒は我慢して温かいお茶で完結したのだ。後から来た女性は、どうやら常連さんらしく、座るや否や「田酒頂戴」とおっしゃった。その時、「私も、お燗で」と言いそうになって、我に返った。断酒中だったのだ。

11日目　12月25日（日）

8時の位置　1°15. 7420N, 103°49. 1470E。針路135.9°。日出7時頃、日没19時5分頃。

7時からの「おはよう体操」。私は乗船してからずっと原因不明の筋肉痛。多分、毎朝15分間やってる「おはよう体操」のストレッチとラジオ体操のせいだと思う。ほかの皆さんに負けないように頑張らなくっちゃ。おはよう体操の参加者は30人を超えている。7階のとも（＝船尾）のデッキで体操が終わった後、2階の朝食会場まで階段を駆け下りることにしている。だいぶ軽やかに降りられるようになった。

7時15分に体操が終わってから朝食会場へ直行する。給仕はほとんどが東南アジアの人。日本語ができるが英語もできる。給仕さんに「和食」を頼むと白米かおかゆのどちらを選ぶか聞いてくる。本日私の近くに座っていた多分私より高齢なご夫婦の奥様のほうが「What is the おかゆ called in English?」と給仕の女性に質問した。女性が「Porridge」と答えると、何回も復唱して、「Please give me porridge.」と注文された。さらに女性にスペルも聞いていた。勉強熱心でビックリした。さらに少し離れた席のご夫婦は、ご主人が奥様に「トマトジュース持ってきましょうか」と敬語だった。多くの乗客の方たちを見ていると、人生の後半でこのような船旅ができるのは、人生の前半で頑張ってきた人たちなんだな。素晴らしい。と感じる。自分はどうかな。ずっと仕事している気がするけどな。こういうのもいいな、とも思った。

さて、本日は「千の風になって」で有名になったテノール歌手秋川さんのコンサートがある。夜かと思ったら13時30分から14時30分だった。

コンサートが終わってからすぐに洗濯乾燥機の様子を見に行った。コンサートが始まる前にスイッチを入れておいたからちょうど乾燥が終わる頃なのだ。生活からかけ離れたコンサートと生活感いっぱいの洗濯物チェックを続けてできるのが船内生活のすごいところなのだ。

洗濯物が終わり、15時過ぎに7階のリドテラスへショコリキサーを飲みに行ったら、なんとプールがオープンしていて、泳いでプールから上がってきた男性発見。ショコリキサーはとりあえず後回しにして、急いで居室へ帰り、水着に着替え、プールへ戻った。ちょうど誰も泳いでいなかったので、プカプカと20分ほど泳げた。プールの大きさは長手方向に10m弱。3かきくらいで対面へ到着する。でも久しぶりの水中、気持ちよかった。うれしかった。プールから上がってから、プールサイドのベッドでショコリキサーをチューチュー飲みながら、ハンバーガーも食べてしまった。

17時にシンガポール港を出港した。その際スコールがきて、見事な虹が出て、出港を祝ってくれているようだった。虹の写真をいっぱい取った。そういえば、父がよく言っていた、「航海中に船首前方の遠くに雨雲が見えてスコールが来そうなときは、髪の毛を濡らして石鹸をつけて甲板でみんなで待っている。でもたまにスコールがそれて船上に来ないことがある。その時は後で髪の毛がかゆくなって大変だった」そうです。

そして17時45分からクリスマスディナー。本日は、フルコース。なので魚料理と肉料理の間に口直しのシャーベットが出た。ココナツミルクアイスで、とてもおいしかった。そしてすんごくお腹がいっぱいになった。お料理の写真を忘れずに撮った。メニューの紙も工夫を凝らしてあった。本日のドレスコードはセミフォーマルなので和服の方も何人かいらっしゃる。クリスマスの柄の刺繍の帯を締めている方、かっこよかった。

その後、気が付けばマラッカ海峡通過中。「おーいマラッカ海峡〜。そしてそこを通過している貨物船〜、コンテナ船〜、こっちはセミフォーマルの服装でクリスマスディナーを楽しんでいるんだぞー。それも20ノットのスピードでどの船よりも速いぞー」と居室へ戻ってから、行きかう船を双眼鏡で覗きながら、うれしくて大声で船に向かって叫んじゃった。19時頃、日没少し前だからまだ明るく行きかう船のブリッジの中の人が動いているのまで良く見えた。

12日目　12月26日（月）

8時の位置　3°34. 3440N, 100°07. 6380E。針路308.6°，速力18・1ノット。8時30分すぎにブリッジから「イルカの群れ発見」の船内放送あり。部屋の窓から海面を見てみると、確かに群れが泳いでいたので写真を撮ったけど、うまくイルカを撮れなかった。残念。

さて11時45分にドルフィンホールで講演準備・パソコンの動作確認をして、12時に昼食を大平さんと。本日はジャージャー麺と御飯もあり、講演前なのにお腹がいっぱいになった。しまったー。13時30分からの講演では、冒頭に「本日の昼食は盛りだくさんでお腹がいっぱいになっちゃいましたね。心地よい船の揺れと満腹感で眠くならないようにお互いに頑張りましょう」と言って講演を開始しました。前回の積み残し部分（ちょうど最高潮に達する直前で前回は終わっちゃった）の60歳でとてもうれしいことがあったこと、そう母校の准教授に採用されたことと「専業主婦」を職歴に書きましょうということを説明し、そのあと、すでに質問箱に届いた質問へお答えし、そのあと、「青山繁晴とは夫婦です」の説明をして、本日の本題であるメタンハイドレートの話に入った。本日はメタハイの基礎的なこと・概要を説明した。今回もまた時間が足りなくなり、海底の映像をお見せしたところですでに10分延長してたので、そこまでで次はまた次回へ持ち越しになってしまった。音声録音を確認したところ1時間15分だった。60分の予定なのに。ドルフィンホールは次の予定がびっしり組まれているので、スタッフが会場とステージの模様替えに大変でした。申し訳ないです。

講演終わったら、サインをくださいという男性が来られた。船内のショップで私の本を2冊も買ってくださっていた。お顔を見ると、青山繁晴の講演によくおいでの方のようだった。「繁晴先生の大ファンです。千春先生のご本は面白そうなので2冊買いました。これから読みます」と言われたり、また別の日に船内で出会った人にも「本、面白かった。1日で読んじゃった。ところで青山繁晴先生とご夫婦なんだね。本を読んで初めて知ったよ」と言われたりしました。だんだん認知度アップ。本日の講演でさらに夫婦だということ認知度アップされるでしょう。

夕食はまたまた私好みのおいしいものが盛りだくさんだった。前菜には味噌漬けチーズ豆腐など3種、お造りは私が大好きなイカそうめん、焼き物はピーマンのけんちん焼き（ヘルシーでおいしかった）、それに海老2本と季節の野菜の天ぷら（この辺ですでにお腹がいっぱい）、豚肉の冷しゃぶ（でもさっぱりしていたからつい全部残さず食べちゃった）、独活と揚げ生麩のクレソン味噌掛け（テーブルに置かれているメニューを着席してすぐにチェックしたけどこの「独活」がずっとどう読むか思い出せず、運ばれてきた料理の見た目でもわからず、口に入れて噛んだ瞬間、「あっ、うど」と一人で食べているのに思わず声に出してしまった。クレソン味噌の香りがアクセントになって独活の食感と揚げたよもぎ生麩の香りも相まってとってもおいしかった。）、そして最後においしいたこ飯としじみの赤だしと香の物。「ごはん分量どうする？」と片言の給仕さんに聞かれて。いつもは「普通で」と答えるのだが、今回だけは「少しで」と答えた。持ってきてくれたとき、給仕さんが「はい、ごはん、ひとへら」といったのが面白かった。見たらほんとにお茶碗にひとへら分のたこ飯がよそわれていた。

夕食時に隣のテーブルのご夫婦の奥様の方から声がかかった。「虎ノ門ニュースにもたまに千春先生も出演されていましたよね。だからご夫婦だと以前から認識しておりました。次の講演も楽しみにしております」とのことだった。乗船中にメタハイのことを皆さんへ伝えて、更に皆さんから多くの人へ伝えてもらおうっと。

18日目　1月1日（日）

6時19分頃、7階デッキで初日の出を拝む。写真もたくさん撮る。水平線近くは雲がいっぱいでなかなか見えず。柏手を打って「今年もメタハイ頑張るぞ」。4階のデッキでもう一度雲の上から出たお日様を見ているとテレビ東京のスタッフに「今年の抱負は」と聞かれた。「今年もメタハイ頑張るとお日様に伝えた」と言った。もっと何かいいこと言えばよかった。5時30分頃から起きているのでお腹が空いた。7時のおはよう体操が終わったら、2階の瑞穂へ直行だ。本日の朝食にはお雑煮と年明けに鏡開きをしたお屠蘇がふるまわれるようです。超楽しみ。おはよう体操の後、7時30分頃2階の瑞穂へ。朝食はおせち料理。そのほかにお屠蘇と樽酒とお雑煮が出た。朝からアルコールを飲みとてもいい気分。と、隣の席から声がかかった。なんとあの初日にあいさつされた大学の先輩だった。緊張して酔いが冷めた。

8時の位置　0°48. 8720N, 71°0.72230E。船長の船内放送。初日の出は6時16分だったとのこと。赤道通過は11時20分頃から11時30分らしい。私の予想は11時58分と書いて赤道通過クイズに昨日投票した。すでにはずれたー。このクイズは通過時刻に近い予想をした人に記念品が贈られるらしいのだ。10時30分少し前に居室へ電話がきた。7階のエステサロンからだった。「本日のご予約は10時からでした。いかがですか」と。パソコンをしていたらすっかり開始時刻を忘れていた。急いで7階サロンへ。60分のエステが終わって間もなく汽笛が鳴り、赤道通過の合図。11時28分頃だった。その後しばらくにっぽん丸は赤道上を西方向へ航走。つまり右舷側が北半球、左舷側が南半球。ちょうど7階にいたので、ともののデッキから北半球と南半球の写真を撮った。そしてリドテラスが空いていたので、しばらく、ライチジュースを飲みながらクロワッサンを2個食べ、赤道を満喫した。プールで泳ごうと思ったけど、明日の講演の準備があるから本日は泳がず、明日か明後日に泳ごう。夕食は豪華なおせち料理と1合瓶の日本酒。お料理の写真を全部取った。おせちの料理のところどころに隠れたウサギ（白ウサギは大根で赤ウサギはニンジンで作られているよう）がいた。お雑煮は白味噌だった。お酒をお猪口でチビチビ飲んでいたら、最後になって瓶の中に金粉を発見。縁起物だから飲まなくっちゃと思い、瓶を振って瓶の中の金粉を舞い上がらせてからお猪口に注ぎ、お猪口の底に沈まないうちに飲み干した。そしたら大量の金粉だったせいか、いくつかがのどに貼りついて死ぬかと思った。そして、のどは苦しいながらも超いい気分でふらふらしながら部屋にやっとのことで戻った。

り、のどの奥の金粉を取ろうと思ったら、なんと金粉が吸収されたらしく、平常に戻っていた。明日の講演用に金粉のどちんこで頑張りなさいという意味と解釈して、そのまま、ベッドに倒れた。本日のドレスコードはフォーマル。男女とも和服の皆さんが何人かいらした。総絞りの着物のご婦人、かっこよかった。ご主人は羽織袴だった。私はプリーツプリーズのおめでた柄のビデオボーイ。強烈なインパクトだった。写真に収めた。乗客のKさんという人から熱水鉱床の質問もきた。明日の講演で回答するべく準備をしている。Kさんは元・日テレの人で奥様が今回アートクラフトの講師として乗船しているので、一緒に乗船しているそう。大平さんの30年来の知り合いだそうです。私の著書を2冊も購入してくださった。サインをしました。

19日目　1月2日（月）

8時15分の位置　4°54. 2550S, 67°31. 5050E。朝食にまたお雑煮が出た。今回のは丸餅でお澄ましでぶりまたは鰹が1切れ入っていた。お雑煮が3回出たけど毎回中身が違う。すごい。瑞穂の前にある踊る獅子舞い人形の前で何回も手をたたいて踊らせた。あー、かわいかった。ほかの乗客にも手をたたくと踊ることを教えた。絶対来年はこの獅子舞人形を買って孫たちを驚かせようっと。10時15分から打ち合わせで11時から12時講演3回目。講演冒頭に絶対延長しないと宣言したのに12時5分までやってしまった。反省。本日の講演の表紙に掲載した赤道の写真が案外受講者にうけた。1月1日11時27分25秒にっぽん丸は赤道を通過してそのまましばらく赤道上を航走した。ということは、航跡がそのまま赤道を表しているじゃん、と思いつき、急いで7階のとも（船尾）のデッキへ。そしたらやっぱり、見事に航跡が赤道、右舷側が北半球、左舷側が南半球の写真が取れた（本書のカバー写真）。写真の説明を講演冒頭にしたら、皆さんから拍手が起きた。大成功。講演の後、受講してくれたお客様が私に渡したいものがある、と大平さんが言いに来てくれた。会ってみると、写真を1枚くださった。7階のデッキで初日の出を待つ私の横顔のショットだった。撮られたの全然気が付かなかったー。ビックリー。

13時30分から14時30分、小松亮太さんのアルゼンチンタンゴの講義。勉強になった。話がとても上手。17時45分から夕食。本日初だしのプリーツプリーズの薄いピンク色の服にお醤油がはねた。お刺身一切れをお醤油の中にビシャっと落としてしまったのだ。着る前にそんな気がした。「食事どきに初めて薄いピンク色の服を着たらお醤油がビシャっとはねたりして。ま、注意すれば大丈夫か。まだお正月だから初だしのきれいな服を着ようっと」と思った。予感に従って着るのをやめておけばよかった。部屋に戻ってから急いでお醤油が付いた部分に手洗い用の石鹸をつけてゴシゴシして水で洗って干した。でもきっとシミが残るだろうな。まっ、インド洋の思い出と考えることにしようっと。

2階レストラン「瑞穂」の入り口前には踊る獅子舞人形が本日もいた。今までは手を1回たたけば踊りだしていたのだが本日は手を3回たたいたらやっと動き出した。そして動きがのろく曲もスローで音程が低かった。どうやら動きすぎで電池が減ってきている様子。さらにおせんべいの空き缶の蓋のような上に置かれていた。たぶん、踊りながら何回も床に転落したんだろうな。空き缶の蓋は転落防止の措置と推察される。7階リドテラスにおいてある踊る獅子舞人形は2足歩行タイプ。そして最後には音楽なしで事務的に1回転して正面に向き直る。この方が前進して転落する危険が少ないね。来年買うときにはこの2足歩行タイプにしよう。

22日目　1月5日（木）

8時の位置　20°07. 5040S, 57°27. 4170E。まもなくポートルイス入港。中国の漁船風の船が3隻いた。写真に撮った。舷側に「魯青元（にシンニュウが付いた漢字）漁118」と記載されていた。船尾には赤色の旗（たぶん中国の国旗）、マストにはモーリシャスの国旗。接岸・停泊したにっぽん丸に中国船が近づいてきた。さっき少し沖で見たあの118だ。双眼鏡で見たら、向こうも双眼鏡でこちらを見ていた。超怪しい。

13時の定期シャトルバスでバンドネオングループが下船するというので1階の下船口まで見送りに行った。そしたら物々しい感じで多数のSPが着いて、3基のエレベータのうち2基を止めて待機していた。全員ピリピリしていたので、聞いてみると、モーリシャスのプライムミニスター（首相）があいさつのため乗船するとのこと。日本の大使館の女性も来ていた。バンドネオングループは首相到着のぎりぎり直前で下船することができた。足止めにならずによかった。首相が来る前に1階の舷門前でほかのギタリストを待っている間に少し時間があったので、バンドネオン奏者の小松亮太さんと奥さんの久美子さんと3人で写真が撮れた。大平さんにシャッターを押してもらった。「ご主人によろしくお伝えください」と亮太さんが舷門を出る時に大きな声で言った。人見知りの亮太さんと明るい久美子さんと仲良くなれてよかった。

私は14時発のシャトルバスで町へ出かけた。大平さんも同じバスだった。お土産はなんでもドードー鳥ばかり。昔、絶滅させておいて、今はお土産の一押しにするなんて、人間勝手すぎる。と思ったら、ドードー鳥のぬいぐるみとかアクセサリーとかかわいそうになって買う気がなくなった。15時15分発のシャトルバスで船に帰ってきたら、ちょうど首相が帰るところだった。わ、首相めちゃめちゃ長時間乗船していた。通訳を介して時間がかかったのかな。あ、食事もしたのかな。にっぽん丸の食事はおいしいもんね。乗客の男性がシャトルバスを降りる時に、「首相も本日の船のランチ『あんかけ焼きそば』を食べたのかな」と言ったら、シャトルバスの中が大うけだった。

17時集合で「セガショーと夕食」のオプショナルツアーに出かけた。19名の参加者。にっぽん丸が停泊中のポートルイスの港から小一時間ほどバスで南へ走ったところにある、海岸沿いのビーチリゾートホテルに連れていかれた。そこでセガショーをやるらしい。セガとは、アフリカから連れてこられた奴隷が厳しいサトウキビ畑の労働から唯一解放される週末に労働の愚痴をこぼす歌詞を歌い鬱憤を晴らす、という内容。踊りの方は男女の官能的な絡み合う踊りだったのだが観光のショーとして女性だけのショーに変化してきたとのこと。楽器はそこらへんに転がっている、たたけば音がでるものをなんでも使う。食事中に2ステージあった。ショーの途中でお客さんを踊りに誘う場面があり、最初は遠慮している人もいたが、歩くことができる人は進んでステージに出た。踊らない人はステージの写真を楽しそうに撮り、踊っている人(乗客)もとても楽しそうだった。食事は4人テーブルに座った。一人で参加している女性はなんと老人ホームからこのクルーズに参加したという。「人間足腰が大事よね。踊りたくても踊れないし、好きなところへも行けないんですもの」とおっしゃった。オプショナルツアー参加者の中にはレオナールのワンピースを着てシルバー色の髪もきれいにセットし、高さ8㎝か10㎝くらいのピンヒールを履いて背筋もシャキッと伸びたたぶん私より年上の女性もいらした。お一人で参加していた。砂浜へツアーに参加しているみんなで沈む夕日を見に行くことになった。その方はピンヒールで元気に砂の上をずんずん歩いて進んでいった。とても行動的で感心した。私は今は普段でもピンヒールを履いたら足が痛くなるから履けないのに。ほんとにすごい。

私は1ステージ目も2ステージ目もダンサーから一緒に踊るように手を引っ張られたが残念

ながら遠慮した。ほんとは踊りたかったんだけど。スタッフとして乗船しているので、目立つのはよろしくないのだ。

4人テーブルでほかの乗客の皆さんとゆっくりお話ができたのがうれしかった。

セガショーの会場までバスに揺られて車窓から風景を見てみると、昔見たフィジーのようだが、ちょっと違った。違うところは……道がごみで汚れていたり建てかけ途中で放置された家があったり、たぶん用事がないのに道に出て家の壁に寄りかかり私たちのバスや通る車をぼーっと眺めていたりという光景だった。働かなくても食べるのに困らないそうで寝起きする場所にも困らないから、「働く」という意思がなくなっちゃったんじゃないかと心配になる。

24日目　1月7日（土）

8時の位置　20°09. 3360S, 57°29. 5280E @ポートルイス港

本日はウォーターフロントから一歩足を町へ踏み出すことにした。10時発のシャトルバスに乗り、ウォーターフロントで降りて、アンダーパスの階段を降りて登ると市外の方へ出られた。右方向へ曲がってずっと歩いてみると、小さな店がたくさんひしめき、インドのよう。そのうち、警察署が見えてきた。立派な建物。地図の通り。このまま歩いても小さな店ばかりで変化が無いので、元の方向へ戻り、今度はヤシの木の並木道を海を背にしてずっと歩いてみた。い

ろいろな銅像が立っていた。右を見ると黄色い外観の建物があった。モーリシャスの国旗が掲げられていた。これが多分自然史博物館だと思い、近づいたが入り口が分からず、建物を一周したら裏手の方に半分開いている門を見つけた。よく見ると英語で自然史博物館入り口と小さな看板があった。門番が一人、詰所？で暇そうに足を向かいの椅子の上にのせて、こちらを見て、手で博物館の建物の入り口方向を指さした。その方向へ行ってみると、途中に暇そうなインド系の人が3人で話をして盛り上がっていた。後で分かったが、彼らは自然史博物館の係の人だった。すでに開館しているのに建物内には監視する人が誰もいないということだ。入場料が無料なので、暇なのかな。1階が生物関係、ドードーが一番奥の部屋に展示され、メインな感じ。2階は第一次世界大戦と第二次世界大戦に関する展示。モーリシャスにも関係があったのか、知らなかった。と、展示の中に3国同盟の各国のリーダーの紹介があり、ヒットラー、ムッソリーニ、昭和天皇の写真とプロフィールが記載されていた。昭和天皇がこの並びで展示されていてよいのかな？　と疑問に思った。ガラスの展示の中には、「TAIHO」という大日本帝国海軍の空母のモデルシップが展示されていた。検索したところ「TAIHO」は「大鳳」という航空母艦でマリアナ沖で米国潜水艦の攻撃により爆発撃沈。わずか3か月の活躍期間だったようです。もったいない。そういえばモデルシップ「TAIHO」の隣には潜水艦のモデルシップもあったから、その米国の潜水艦だったかもしれない。いずれにしてもマニアックだなと思った。

この自然史博物館の隣の大きな公園は中国のDONATIONで作られた、と看板に書いてあった。この自然史博物館も特に2階の展示は、中国の気配を感じる。多額のDONATIONをここにも行っているのではないかと疑う。日本大使館は、ちゃんとチェックしているのかな。

27日目　1月10日（火）

9時トゥアマシナ入港。18°09. 3750S, 49°25. 4710E。入港歓迎セレモニーやっていると船内放送でお知らせがあったから4階のデッキに行ってみた。アフリカンな打楽器のリズムと踊り。50人以上のたぶん高校生が「腰みの」のようなものを服の上から巻いて、一列になって踊っていた。アフリカに来たなーという感じ。ビデオ撮影して音声も収めた。帰国したら二人のお孫ちゃんに聞かせよう。

それにしても暑い。32℃。午後はプールに入ってプカプカ泳いでいたら、もう一人プールに乗客の女性が入ってきた。この航海で初めてプールで人に会う。私は30分ほど、十分泳いで直射日光も浴びてもうフラフラだったので、プールから上がった。その方はなんとマイビート板持参だった。すごい。そしてきれいなフォームでクロールを泳いでいらした。本日の夜食は味噌温麺とお好み焼きという誘われるメニューだったんだけど……。明日の朝食はいつもより

30分早く6時30分から提供すると船内新聞に書いてあったので、それに集中しよう。本日夕食の時にオプショナルツアーに参加した話をしている乗客の楽しそうな声が聞こえてきた。あ、これって修学旅行の感じ、と思った。皆さん長期間寝食を共にしているからそんな仲間意識が生まれているみたい。皆さんが杖を突きながら各船室のドアに入室し、次にそのドアから元気よく飛び出してきたらおさげ髪の女学生にタイムスリップしている、って感じの映画が作れそう、と長い廊下にたくさん並んだ船室のドアを見て思いました。私の大好きな映画「ある日どこかで」みたいな感じ。「ある日どこかで」はクリストファーリーブ（スーパーマン俳優。1995年に落馬事故で首から下がマヒしてしまった）主演のSF恋愛映画（1980年）。ホテルの壁に飾ってある女性の肖像画をみて主人公がその女性に会いたいと願い、女性がいた当時にタイムスリップする話。この映画は映画評論家のおすぎさんも大好きな映画のひとつだと言っていた。おすぎさんはこのほかに「マカロニ」も大好きと言っていた。「マカロニ」はジャック・レモンとマルチェロ・マストロヤンニのダブル主演のイタリア映画（1985年）。私もこの2作品が超大好き。感性が似ているのだ、きっと。

28日目　1月11日（水）

日出5時15分、日没18時20分。トゥアマシナ接岸2日目。5時30分起床。メールを受信したら議員（青山繁晴）とヘイワースさん（独研社員）がストックフォルムで入国できない大トラブルに合っていた。そのあとTCR（東京コンフィデンシャル・レポート。青山繁晴による会員制の機密情報レポート）を見たらそのことも書かれていた。そして中国がインド洋と太平洋の島嶼部に手を伸ばしていることも書かれていた。それは、モルディブ、モーリシャス、マダガスカルとインド洋の島を訪れてみて実際に確認することができた。中国は地球全体を支配したいのかな、と感じる。あ、月もだった。最近ニュースで見た。6時45分、和朝食を食べた。本日のおはよう体操は欠席。8時岸壁集合でイブルイナ動物園半日観光。イブルイナとは近くを流れる川の名前。その意味は竹がある場所という意味。観光バスで行く。サルが何種類かいるらしい。生物に特に興味はないんだけど、このツアーしか空席がなかったのでこれに参加する。途中国道5号線を通りそこからでこぼこ道を行く。インディジョーンズに出てくるような穴ぼこだらけの道。舗装はされていない。車窓から街中や農村地帯?を見物できた。これが実にとてもよかった。そして日本語を話せるガイドさんがなかなか良かった。「私は語学が好き。ことわざを見るとその国の国民性が分かる」と言っていた。すごい。そして日本に留学したことはなく、マダガスカルの首都のアンタナナリボで3年間日本語を勉強しただけとのこと。すごい。「マダガスカルは熱帯雨林なので努力しなくても生きていける。しかし良い生活を望むなら大変。仕事がないから」と言っていた。車窓から見ていると前者の人は旅人の木の葉っぱを乾燥させて藁葺き屋根に、壁は旅人の木の幹の部分で自作した家に住んでいる。先日、日本のどこかで見学した縄文式竪穴住居みたい。子供はたくさんいる。みんなほとんどは裸足、わずかにビーチサンダルの人あり。食べ物はそこら辺にたくさん生っている。努力しなくても生きていけるという意味が分かった。努力した人はコンクリートで作った家に住んでいる。鉄条網付きの外壁で家を囲み防御している。マダガスカルではこっちのほうが大変なような気がしてきた。マダガスカル原産のバナナに似た「旅人の木」でできた家に住んでいる人は、山から岩を持ってきてそれを家の前で人力で細かく砕き、セメントの材料としてトゥアマシナの都会の方へ売りに行くのだという。それから川底の泥も回収して天日で干して、こちらも売りに行くのだという。いずれにしても自然にあるものを取ってくるだけ。動物園に到着した。国立公園になっているのだという。ここはフランスが植民地にしてから、植物をたくさん持ち込んで、何がよく育つか研究したところ。フランスはマダガスカルで農業をやろうと考えていた。本日、動物園で見た植物のほとんどがその時にフランスが持ち込んだ外来種だそうです。見る意味があるかな？　カメレオンを手に載せて写真撮ってもらった。猿は特に可愛くなかった。きれいな毛虫を写真に撮ったら、それは蛾になる手虫だった。ヒエー。マダガスカルには蛾が４００0種類、蝶が４００種類いるんだって。そして、動物園とは名ばかりで、「猿しかおらへん」という感想の人が何人かいらした。ツアーから戻り、そのあと14時のシャトルバスでスーパーマーケットに行き、買い物してシャトルバスを待つ間、物売りの人がたくさん寄ってきた。「目を合わせないようにね」とこういうところに慣れた乗客の女性が皆に言っていた。だいたい英語じゃないし日本語でもないから、全然わからないし、そんなにしつこく迫ってこない。東南アジアならこちらの手や肩の上にいろいろ商品を載せてくるもんね。そんな積極性はないから目をあわせないだけで大丈夫だった。現地通貨の単位はアリアリ。両替しようかな、どうしようかな。使わないけど記念に両替しておこうかな。1アリアリが0・035円です。と思ったけど、両替やめました。ノーアリアリ。多分マダガスカルにはもう来ることはない気がする。トゥアマシナは2番目に大きな都市というけど、博物館無し、まともな本屋さん無し。文化のかけらも無し。博物館は、首都アンタナナリボにしかないそうで、トゥアマシナから悪路を12時間走らないと行けないそうです。無ー理ー。にっぽん丸に生活用水として入れた水が茶色い時点で、もう無理でした。

33日目　1月16日（月）

8時の位置　12°16.8570S, 69°29.7590E。雨。25℃、風5－10mN。波右前方向から2m。速力18・7ノット、針路55.6°。東方に熱帯低気圧の卵あり。1週間前じゃなくてよかった。金毘羅さんに感謝（by船長）。13時30分から14時30分講演4回目。本日はロブスターの服を着てカニかご漁船の話をした。それから質問にも答えた。私は楽しく話ができた。お客様が楽しかったかどうかはまだよくわからない。船の揺れが激しかったから自室で寝ながら聞いていた方も多かったと思う。講演終了後に4冊も著書を購入していただいた方にサインをした。ありがたい。同じ本が2冊ずつあったから理由を聞いてみたら、1冊は下船するときににっぽん丸の図書館に寄贈していくという。これまたありがたいお話。講演の後船内で出会った乗客の女性から、「先生、ロブスター柄の服を見せて。私部屋で講演を聞いていたからよく見えなかったの」とおっしゃった。その時にはもう着替えていたので「ごめんなさい。着替えちゃいました」というと「あらー残念。今度また見せてね」と言われました。ということで次の講演もロブスター柄で決まり。さて、本日のドレスコードはカジュアル&民族衣装や仮装でOK。乗客のみなさんは、アフロのかつらをかぶったり、お面をつけたり、マダガスカルで調達してきた服を着たり、頭にターバンを巻いたり、気合が入っている方が多かった。イベントを力いっぱい楽しんでいる風で、感心した。私はプリーツプリーズの中で一番お気に入りの「サッカーおやじと雷（いかづち）」柄のワンピースを着た。こういう時ならこの服が目立たず着られるかと思ったら、十分目立ったらしく多くの人から声をかけられた。夕食は18時過ぎから、わだつみ座の篠笛と太鼓の人と大平さんと4人で食べた。わだつみ座の二人は本日のドレスコードが民族衣装ということでステージ衣装の和服を着ていた。カッコいい。二人とも京都にご縁があった。夕食の時に大平さんから、マダガスカルで下船した庄野真代さんについて聞いた。トゥアマシナから首都のアンタナナリボまで車で10時間とただでさえ長時間の移動のところ、なんと、途中で車が故障して15時間もかかってしまったとのこと。そして23時55分ににアンタナナリボに到着したときにはすでに飛行機は飛んで行ってしまっていたのでホテルに1泊して次の日にパリ経由で帰国したとのこと。全部で38時間もかかったらしい。動物写真家の藤原先生もご一緒だったそうです。お二人ともお疲れさまでした。

37日目　1月20日（金）

8時　ちょうど食事中に8点鐘がなった。急いで自室へ戻ろうとしたら、乗客の男性のお一人が「お食事中失礼します。本を買ったのでサインをいただきたいです。よろしいでしょうか。レストランの出口で待っています」と言われた。そこで急いで食事を済ませて、レストランの外に行ってみるとその人がいない。うろうろ探しているとやっと上の方の階から階段を降りてこられた。「科学者の話って……」にサインをした。「先生の昨日の講演は迫力がありました」と言われた。うれしいのかうれしくないのかよくわからず。昨日は変わっていく日本政府の話をした。国士という目線で話した。パワポで楽しい絵や映像が無かったので、主にお話を中心にした。するとたぶん話している途中でだんだん熱くなって迫力が出たのだと思います。スマトラ島北端沖。まもなくインド洋とお別れしてマラッカ海峡へ入る。11時、ボードゲーム1回目。13時30分、ボードゲーム2回目。14時30分、ボードゲーム3回目。ボードゲーム終了後に本にサインを求められた。その方に「昨日の講演で『国士』は右翼と言われちゃうことがあるとおっしゃっていた。それを『国守』にしたらどうかしら」と言われた。なるほど。考えてくださっている。ありがたい。昨日名刺交換したTさんは、名刺に「航海クラブ」と記載があった。わたしより少し年上でやはり航海士になりたかったけど、入学を断られて夢をあきらめたとのこと。その代わり息子さんはお母さんの影響を受けて、今は横浜港でパイロット（水先案内人）をやっているとのこと。乗船中はよく和服を着ていらっしゃるのだが、その柄が大体船か海。私の和服への思いとほぼ同じなので、話がよくあった。「航海クラブ」はたまに集まりがあるというので、「いつでも声をかけてください。ミニ講演やります」と言っておきました。夕食時に2階の瑞穂の入り口では、「先生のお話素晴らしい。クルーズにピッタリ。私はシンガポールで降りちゃうんだけど、帰ったら社員に先生の本を読ませて、メタンハイドレートについて広めます」と言ってくださった乗客の上品な女性の方がいらした。その方はそばにいたにっぽん丸のスタッフ（白い制服を着たちょっとえらい身分の人）にも「ほんとによかったわよね、先生の講演」と言ってくれていた。こちらもありがたい。大平さんに昼間聞いたのは「こうやって長期間にわたり何回も講演してもらうと、よく理解できる」と乗客の女性に言われたとのこと。皆さん熱心でありがたい。次にまた長期クルーズの時にお声がかかると嬉しいのだ。夜食がお稲荷さんだったので、22時20分頃に2個も食べちゃった。おいしかった。月見そばは麺の量が少なかった。

38日目　1月21日（土）

起きたら7時45分頃で、「チコちゃんに叱られる」で目が覚めた。昨日から1チャンネルと2チャンネルのＮＨＫが電波が入るようになったのだ。日本に近づいている！　8時の位置4°04. 4880N, 99°26. 1580E。針路126. 6°、速力16・3ノット。マラッカ航路まであと190km。曇り、27℃、北東12ｍ風。後ろから0・5ｍの波。11時30分ボードゲーム1回目、14時45分ボードゲーム2回目、15時30分ボードゲーム3回目。本日は午前中に船首楼ツアーもある。昼食はお弁当なので、食べる。だから朝食はパスした。最近は、夕食は食べるけど、朝食と昼食は食べない、または食べてもリドテラスでブランチ的にクロワッサンとショコリキサーなのだ。3食だと食べ過ぎで胃が疲れる気がする。味はすべて薄味だからとても食べやすいんだけどね。9時頃に船首楼ツアーの整理券を取りにいかなくちゃ。圓丸師匠の落語とわだつみ座のコンサート、いずれも本日が千秋楽だ。エンタメ仲間としては絶対に聴きにいかなくちゃ。小雨の中、命綱を腰に巻いて一人ずつ船首楼に上り、ポーズをとって写真に納まった。敬礼かタイタニックのポーズをすればよかった。残念。そのあと、ハンドマッサージ講座というエステサロンが開催する講座に参加した。手がすべすべになり思わずハンドクリームを購入しそうになった。受講者の中には男性の乗客もいらした。きっとご自分が習って奥様にハンドマッサージをしてあげるんだなと推察すると、なんだか感激した。かくし芸大会では、背の高い男性の乗客のパフォーマンスと先日の赤道祭で船長役を務めた常連客のご夫妻が芸を披露した。そういえば船長役を務めた男性は赤道祭の次の日にお誕生日を迎えられ、夕食時にお誕生会・米寿のお祝い会をやっていらした。お元気でビックリなのだ。本職は医師とのこと。背の高い男性はいつも奥様が杖をついたり車いすに乗ったりするのをやさしく介助していらっしゃる方だ。ご本人はまるで社交ダンスのダンサーのように姿勢がよろしく、歩き方も颯爽としている。マダガスカルで地元の人のアフリカンな踊りの輪に入って踊られたり、モーリシャスでセガショーの踊りの時にも進んで舞台へ出て最後までダンサーと一緒に踊られていたり、行動的な方なのだ。本日はかくし芸大会があるから、その直後のボードゲームの2回目には参加希望者なしだった。1回目には、昨日も参加して孫におしえるため本日も2度目の参加の方がいらした。3回目にも、孫にお土産用に購入したので、やり方を覚えて帰りたい、という方が参加された。うれしい。「石油さん」のことを「ガソリン野郎」と言った参加者あり。私が既得権益の悪の権化、ダースベーダーのイメージと説明したので、「石油さん」じゃなくて「ガソリン野郎」

とインプットされたようだ。なかなかいいネーミング。

39日目　1月22日（日）

6時、シンガポールに入港した。1°15. 7380N, 103°49. 1470E。本日は私はオプショナルツアーに2つも参加することになった。12時40分に集合してマンダリンホテルへ行きアフタヌーンティをいただく。こちらのツアーは最初は行く予定はなかったのだけれど、大平さんから「残席があるから行かない?」と勧められて一緒に行くことになった。このホテルは10年くらい前に一人で学会に参加したときに泊まったホテルだ。ホテルの1階の広くて開放感があるレストランで朝食を食べていたら大きなガラス張りの外のジャングルみたいに生い茂った木の葉っぱのところに父の顔が見えたホテルなのだ。父は戦争中「足柄」に乗艦していたがマラリアに罹りシンガポールで入院していたと聞いていた。そして「南の島はいいよー。ハンモックに乗って1日のんびりしていられる」とも言っていたので、「あ、父は日本じゃなくてここにいるのかー。南の島が好きだったから」とその時は自然にそんな風に思ってしまった。本日行くことになり、何かの縁を感じる。また会えるかな。もういないかな。でも楽しみ。そのあとは19時に集合して10年以上ぶりにナイトサファリに行く。ただ、以前行ったことがある場所から移転したらしい。以前はシンガポールで開催された学会に参加したときだったから一人でホテルのツアーデスクからナイトサファリを申し込んだ。ちょうど日本から来られたご夫婦も参加されていた。私が一人で参加しているので、いろいろ質問攻めにあった。「なぜおひとり?」「独身ですか」「一人旅がお好きですか」「傷心旅行ですか」とずけずけ聞かれ「今回は学会で発表するためにシンガポールに来た」「結婚している」と言ったら「一人旅が好きな独身の女性の傷心旅行かと思った」「ご主人はどういうお仕事? 奥様が一人で海外出張するなんて寛大ですね」と聞かれ「夫は青山繁晴と言って、情報をいろいろなメディアで発信しています(当時は民間の専門家)」と言ったら「私は青山繁晴さんの大ファンです」とおっしゃり、更に質問攻めにあって、ナイトサファリに集中できなかった思い出がある。夕ペタムで光る眼をいくつか見ただけ。たぶんライオンとか虎とか。

さて、私が船内のエンタメで一番好きなのがマジック。マジシャンの人はシンガポールから乗船するらしいからとても楽しみ。それからトランペットの人が乗船するらしいからそれも楽しみ。私の講演は残すところあと1回。

12時40分に2階のエントランスに集合して、シンガポールギャラリーとアフタヌーンティのツアーに出発した。お客さんは7名だったからバスの中もゆったり座れた。シンガポールギャラリーはミュージアムショップが充実していた。見学時間が90分しかなかったので、まずはこのショップへ行った。とても面白いものがたくさんあり、MOMAのショップ並み。たくさん購入した。次にアフタヌーンティをいただきにマンダリンホテルに行った。本日はずっと雨。たまに激しく降る。アフタヌーンティは5階のバーでいただくという。バーに行ってみると、そこにすでにお一人の日本人が窓際の小さなテーブルの前に座って、かっこよく生ビールを飲んでいた。よく見るとモーリシャスでセガショーを一緒に見に行った、ハイヒールで砂浜をかっこよく歩かれていた乗客の女性だ。いつもレオナールの服にピンヒール、姿勢もよく、そしてグレーの髪はアップにセットしている。本日もかっこよかった。「アフタヌーンティをいただきにいらしたの？」と私と同じツアーの中のお一人が聞くと「いいえ、ちょっと生ビールが飲みたくなったから来たの」とおっしゃっていた。カッコいい。19時に2階エントランスに集合してナイトサファリに出発しました。バスに揺られて40分ほど、到着したらたくさんの観光客がいてビックリ。トラムカーに乗車するのにも大行列だ。私たちは特別に予約したトラムに優先的に待たずに乗車できた。日本語のイヤフォン（3チャンネル）をつけるが、音量のボタンを回しても音が大きくならない。そして音声もとぎれとぎれだから聞き取りにくかった。いよいよ出発してみると、以前来たときより、動物がライトアップされていて全体像がよく見えた。以前は眼が光っているのしか見えなかった記憶があるんだけど。で、アフリカ象、マレー虎、ハイエナ、バク、ホワイトライオン、フラミンゴ、ワニ、カワウソなどを見た。写真がなかなか取れなかった。フラッシュ禁止なんだけど、トラムカーのあちこちでフラッシュが光った。操作がうまくいかないらしい。という自分も象の親子の写真を取るときにフラッシュが光ってしまったー。親象ににらまれたー。写真が撮れなかった、ハイエナとマレー虎とバクのぬいぐるみを購入した。ハイエナは前回来た時も見たし今回も見たので購入。マレー虎は小虎がたくさん丘のてっぺんに群がっていてかわいかったので購入。バクはトラムカーの近くにいすぎて白というかピンク色の背中の部分が印象的で撫でられそうな位置だったので見とれていてシャッターチャンスを逃してしまったから購入。この3匹を船室のテーブルの上に置いて、寝たらこちらを見ているような位置においてて寝たら、なんと夢の中に繁子ちゃん（先に亡くなった私たちの愛犬。青山繁子と夫が命名）が登場。そして長男も登場。繁子ちゃんは動かないんだけど、2段ベッドの下にいたのに次に見たら2段ベッドの上に移動していてびっくりしたら長男が移動してくれたらしい、というところで目が覚めた。ハイエナのぬいぐるみの大きさがちょうど繁子ちゃんくらいで、マレー虎の目がちょうど繁子ちゃんそっくりだったから、夢を見たんだろうな。楽しかった。

44日目　1月27日（金）

13時30分から14時30分、講演6回目。講演は最終回無事に終わった。積み残しの3つの話題を先に話した。ムーンボウ、水平線、北極海航路について。いつも表紙に図を載せていたから、何人かの受講者の方から「あれが気になって仕方ない。早く話を聞きたい」という声が上がっていた。このまま話をせずに下船したら、ずっと気になったままで申し訳ないと思ったから先に話して安心してもらった。そのあとは1回目から5回目までを振り返り、最後に6回目の話題を話した。本日は講演時間64分。揺れていたのに多くの方がホールに来てくれた。ありがたい。

46日目　1月29日（日）

8時の位置　27°20.0640N, 125°54.9960E　針路66.8°、速力19・7ノット。曇り、10℃。沖縄の北西200km、北の風13m、左前から17m。波は北から2mから3m。このあと黒潮の本流に乗って行く。この後風波は収まっていく。昨夜尖閣諸島を通過しトカラ群島をこれから抜ける。本日、船内時刻を1時間早めたので日本との時差がなくなった。本日は20時45分から川井郁子さんのコンサートがある。ドレスコードはフォーマルで夕食はフェアウェルディナーです。1日中室内で陸上での研究会の準備をしたり、荷造りをしたりして過ごした。フォーマルなので、ギャルソンのワンピースを着てグッチの3連の真珠ネックレスをした。瑞穂の入り口でカメラマンに写真を撮ってもらった。川井郁子さんのコンサートは今日もすごかった。前半はタンゴ、後半は和との融合。途中のMCの時、「揺れていると海は見えないけれどその情景が想像できて素敵な気分になれる」とおっしゃった。すごい。船酔いするのにそういうことが言えるのはプロだ。

48日目　1月31日（火）

8時の位置　35°00．9020N，139°21．8130E。針路94.4°、速力7・2ノット。晴れ。右舷側に冠雪した三原山が見える。船長も冠雪を見たのは初めてという。昨日は東京は寒かったようだ。左舷側に伊豆半島の大室山、正面右側に房総半島先端が見える。10時頃浦賀水道へ入る。本日は昼食まで出る。お弁当だそうです。楽しみ。10時30分頃に室内の電話が鳴り、昨夜サインをしますと言ってできなかった乗客の女性からだった。紙を用意したからそれにサインが欲しいとのこと、3階のツアーデスクのところで待ち合わせをして、サインを2枚書いた。1枚はその方、田中さん。もう1枚は田中さんに私のことを教えてくれたというファンの方へ。こうやってだんだん輪が広がっていくのもうれしい。ただいま11時、まもなく中ノ瀬航路に入る。横浜はもうすぐだ。最後にショコリキサーを飲もうかな。どうしようかな。やっぱりやーめた。お弁当がいつものようにやっぱりボリュームが多くてお腹がいっぱいになってしまったのだ。また次にお客さんとして乗船したら飲むことにしよう。レストラン瑞穂でお弁当を食べていると何人かのお客さんに「講演ありがとうございました」とあいさつされた。皆さん、メタハイを広めてくださいねー。6回も聴いていただきありがとうございました。

12時ころにベイブリッジの下をにっぽん丸は通過した。12時30分、横浜入港大さん橋着岸。最後に船長から挨拶があった。「長いクルーズ楽しんでいただけたら幸いです。下船後も気を付けてご自宅までお帰りください。UWの旗でお見送りしたいと思います。マストの方を注目してください。それではまた会う日までごきげんよう」

12月23日　船内の5チャンネル、そろそろシンガポールが見えてきた

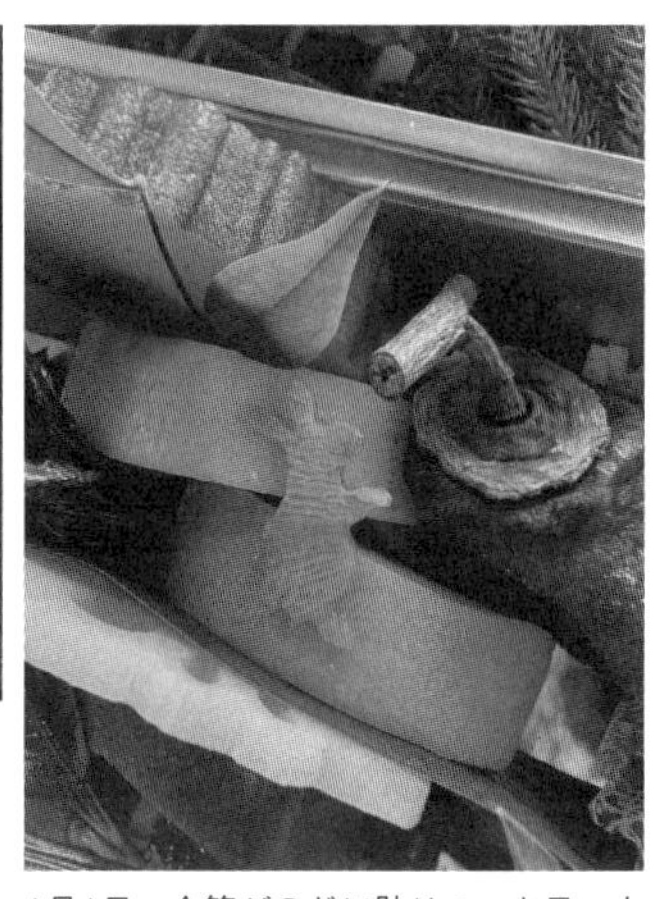

1月1日、金箔がのどに貼りついた日。ウサギの型の野菜がいっぱいのおせち料理

何度も転落して、お菓子の間の缶の上に置かれた踊る獅子舞人形

1月5日　双眼鏡で目が合った中国船

1月5日　モーリシャス セガショー待ちの時の砂浜。ハイヒールのご婦人がカッコよく歩いた

1月5日、モーリシャスのポートルイスにて
オプショナルツアーで行ったセガショー

1月7日、ドードー博物館外観　あの三
木千晴と私が記帳した入場者記帳ノート
がこの入り口を入った左側に置いてある

1月7日　ドードー博物館に展示された
ドードー

1月11日　マダガスカル、バスの
車窓から。はだしの子供

青山千春（あおやま・ちはる）

東京海洋大学特任准教授、日本大学非常勤講師、株式会社独立総合研究所（独研）代表取締役社長。メタンハイドレート研究の世界的権威。1978（昭和53）年、東京水産大学（現・東京海洋大学）卒業。結婚後12年間育児に専念した後に復学。1997（平成9）年、東京水産大学大学院博士号取得（水産学）。アジア航測総合研究所、株式会社三洋テクノマリン、独研の取締役・自然科学部長を経て、2016（平成28）年、母校である東京海洋大学の准教授に就任。2020（令和2）年、同大学特任准教授として「海中海底メタン資源化研究開発プロジェクト」の教官に。著書に『希望の現場メタンハイドレート』『科学者の話ってなんて面白いんだろう』（ワニ・プラス）、『海と女とメタンハイドレート』『氷の燃える国ニッポン』（ワニブックス【PLUS】新書）など。

女よ！大志を抱け

2023年12月10日　初版発行
2024年 1 月 5 日　2 版発行

著者　青山千春
発行者　佐藤俊彦
発行所　株式会社ワニ・プラス
〒150-8482　東京都渋谷区恵比寿4-4-9 えびす大黑ビル7F

発売元　株式会社ワニブックス
〒150-8482　東京都渋谷区恵比寿4-4-9 えびす大黑ビル
ワニブックスHP　https://www.wani.co.jp
（お問い合わせはメールで受け付けております。HPから「お問い合わせ」にお進みください。）※内容によりましてはお答えできない場合がございます。

装丁　新 昭彦（TwoFish）
DTP　株式会社ビュロー平林
印刷・製本所　中央精版印刷株式会社

本書の無断転写・複製・転載・公衆送信を禁じます。落丁・乱丁本は（株）ワニブックス宛にお送りください。
送料小社負担にてお取替えいたします。ただし、古書店で購入したものに関してはお取替えできません。
©Chiharu Aoyama　2023
Printed in Japan　ISBN978-4-8470-7316-8